Manal Ahmed

Bruceloza... Od (A) do (Z)!!!

Manal Ahmed

Bruceloza... Od (A) do (Z)!!!

Wydawnictwo Bezkresy Wiedzy

Imprint

Cover image: www.ingimage.com

Publisher:
Wydawnictwo Bezkresy Wiedzy
is a trademark of
International Book Market Service Ltd., member of OmniScriptum Publishing Group
17 Meldrum Street, Beau Bassin 71504, Mauritius

Printed at: see last page
ISBN: 978-620-0-81600-9

Brucellosis ...
From (A) .. To (Z)!!
Manal M. E. Ahmed
2019

Do czytelników:

"Bruceloza... od (A) do (Z)" nacisk na podstawowe środki higieny środowiskowej i zawodowej w społeczności i w gospodarstwie domowym, jak również na kolejność działań wymaganych do wykrycia i leczenia pacjentów. Książka ta jest przeznaczona jako zwięzłe, aczkolwiek kompleksowe oświadczenie na temat brucelozy dla osób zajmujących się zdrowiem publicznym, weterynarzy i pracowników laboratoriów. Książka ta jest również uważana za źródło dostępnej i uaktualnionej wiedzy dla takich osób, jak pielęgniarki, położne i asystenci medyczni, które mogą być zmuszone do zajmowania się brucelozą u ludzi.

SPIS TREŚCI

Do czytelników: *2*

Skróty 5

Streszczenie: 6

Wprowadzenie: 7

Fakty o brucelozie: 9

Globalna dystrybucja i ekonomiczny wpływ brucelozy: 11

Objawy kliniczne 13

Choroba u ludzi: 14

Cykl życia brucelozy 18

Powikłania osteoartularne 19

Powikłania żołądkowo-jelitowe 19

Powikłania żółciowo-żółciowe 19

Powikłania w drogach oddechowych 20

Komplikacje układu moczowo-płciowego 20

Ciąża i karmienie piersią 20

Powikłania sercowo-naczyniowe 21

Powikłania neurologiczne 21

Powikłania skórne 22

Powikłania oftalmiczne 22

Przewlekła bruceloza 23

Bruceloza dziecięca 24

Choroba u zwierząt: 24

Epidemiologia: 28

Zbiorniki *Brucelli*: 28

Tryb transmisji Brucella: 31

Czynniki wpływające na brucelozę: 38

Światowa zachorowalność na brucelozę: 45

Charakterystyka gatunku *Brucella*: 50

Diagnoza brucelozy: 61

Serodiagnoza: 66

Uwagi dotyczące diagnozy brucelozy innej niż bydło 85

Leczenie: 88

Profilaktyka w przypadkach po narażeniu 94

Zapobieganie: 96

Zapobieganie brucelozie podczas podróży: 98

Referencje 126

Skróty

2-ME = 2-mercaptoetanol

BCV = Szczepionka chemiczna *Brucella*

CF = wiązanie dopełniacza
CFT = badanie wiązania dopełniacza

CIEP = counter-immunoelektroforeza

CNS = centralny układ nerwowy
CSF = płyn mózgowo-rdzeniowy
CT = tomografia komputerowa
DNA = kwas deoksyrybonukleinowy
DTT = ditiotreitol
ELISA = test immunofluorescencyjny połączony z enzymem
IU = jednostka międzynarodowa
LPS = lipopolisacharyd
MRT = test pierścienia mlecznego
NMR = jądrowy rezonans magnetyczny
PCR = reakcja łańcuchowa polimerazy
RBT = Badanie z różem bengalskim (Rose Bengal plate test)
RES = system reticuloedothelial
SAT = test aglutynacji surowicy
S-LPS = gładki lipopolisacharyd
SMZ = sulfametoksazol
TMP = trimethoprim

Streszczenie:

Bruceloza jest jedną z głównych chorób zoonotycznych wywoływanych przez rodzaj bakterii *Brucella*. *Brucella* może być przenoszona bezpośrednio lub pośrednio przez zwierzęta na ludzi poprzez spożycie skażonej żywności, bezpośredni kontakt z zakażoną tkanką zwierzęcą lub wdychanie skażonych aerozoli. Brucella może być wydalana w różnych płynach ustrojowych, takich jak mocz, mleko i płyn łożyskowy. Dotyczy to osób w każdym wieku i obu płci. Bruceloza jest starą chorobą znaną pod różnymi nazwami, m.in. "gorączka śródziemnomorska", "gorączka maltańska", "gorączka przesycona żołądkiem" i "gorączka niedulikatna". Organizmy brucelozy są małymi tlenowymi wewnątrzkomórkowymi cocco-bacilli, lokalizującymi się głównie w organach rozrodczych zwierząt żywicieli, prowadzącymi do poronień i bezpłodności. Chociaż człowiek jest przypadkowym żywicielem, bruceloza jest nadal poważnym problemem zdrowia publicznego na całym świecie jako najczęstsza infekcja zoonotyczna. Chociaż w różnych krajach nastąpił ogromny postęp w zwalczaniu brucelozy, nadal istnieją obszary, na których utrzymuje się zakażenie u zwierząt domowych i w konsekwencji najczęściej dochodzi do przenoszenia się go na populację ludzką.

Wprowadzenie:

Bruceloza jest główną zoonotyczną chorobą, która stanowi poważny problem dla zdrowia publicznego i gospodarki na całym świecie (Corbel, 1997). Najcięższe obciążenie chorobą leży w krajach śródziemnomorskich krajów Europy, Afryki Północnej i Wschodniej, Bliskiego Wschodu, Azji Południowej i Środkowej oraz Ameryki Środkowej i Południowej, a jednak jest często nierozpoznawalna i często nie jest zgłaszana. Jednak zachorowalność i częstość występowania choroby różnią się znacznie w zależności od kraju (Khan *i in.* , 2001). Istnieje tylko kilka krajów na świecie, które są oficjalnie wolne od choroby, chociaż przypadki nadal występują u osób powracających z krajów endemicznych.

Częstotliwość występowania brucelozy u ludzi nie jest po prostu do oszacowania na całym świecie, ale z grubsza można powiedzieć, że co roku przybywa 500 000 nowo zarażonych osób (Neubauer, 2010).

Choroba ta jest wywoływana przez małe Gram-ujemne bakterie należące do rodzaju *Brucella*. Są to niezmotoryzowane niekapsułkowane coccobacilli, które funkcjonują jako fakultatywny pasożyt wewnątrzkomórkowy. Istnieje kilka różnych gatunków *Brucelli*, każdy z nich ma nieco inną specyfikę żywiciela (Meyer, 1990). *B. melitensis*, który występuje głównie u kóz, owiec i wielbłądów oraz
B. poronienia, które wystąpiły przede wszystkim u bydła, są główną przyczyną brucelozy u ludzi (Plommet, 1998), jednak *B. melitensis* jest najbardziej inwazyjną i powoduje najcięższą chorobę (Aleissa, 1999).

Choroba przenoszona jest ze zwierząt na ludzi poprzez bezpośredni kontakt z takimi zakażonymi zwierzętami, spożycie zakażonych produktów mlecznych lub wdychanie aerozoli (Kurdoglu, 2010). Poza możliwością przeniesienia poprzez transfuzję krwi i przeszczepienie organu lub szpiku kostnego, bruceloza nie jest łatwo przenoszona między ludźmi (Khan *i in.* , 2001). Przemysł zwierzęcy i urbanizacja, a także brak środków higienicznych w hodowli zwierząt i w postępowaniu z żywnością częściowo odpowiadają za to, że bruceloza nadal stanowi zagrożenie dla zdrowia publicznego. Do coraz większych obaw związanych z brucelozą u ludzi przyczyniają się również podróże międzynarodowe, które motywują do spożywania egzotycznych produktów mleczarskich, takich jak świeże sery, które mogą być skażone, oraz przywóz takiej żywności do regionów *wolnych od brucelozy*.

Bruceloza może występować w każdej grupie wiekowej, ale nadal częściej dotyczy młodych i średnich osób dorosłych, z przewagą wśród mężczyzn. Większość przypadków brucelozy przypisywano bezpośredniemu kontaktowi ze zwierzętami lub ich produktami (Hizel, 2007).

Chociaż uważa się, że bruceloza powoduje mniej spontanicznych poronień u ludzi niż u zwierząt ze względu na brak erytrytolu, preferencyjnego medium i czynnika wzrostu *Brucelli*, w łożysku ludzkim i obecność aktywności antybrucelozy w ludzkim płynie owodniowym, istnieją pewne dowody na to, że może ona powodować większą liczbę powikłań, takich jak aborcja, poród przedwczesny i wewnątrzmaciczny upadek płodu, częściej niż inne infekcje bakteryjne (Kurdoglu, 2010).

U ludzi bruceloza zachowuje się jak ogólnoustrojowa infekcja o bardzo zróżnicowanym spektrum klinicznym. Choroba zazwyczaj przedstawia się jako gorączka bez widocznego skupienia, chociaż w 20-40% przypadków występują formy ogniskowe. Ponieważ obraz kliniczny brucelozy u ludzi jest dość nieswoisty, ostateczne rozpoznanie wymaga wyizolowania organizmu przyczynowego lub wykazania wysokiego poziomu swoistych przeciwciał lub serokonwersji (Ruiz-Mesa, 2005).

W pierwszym tygodniu infekcji w surowicy pojawiają się przeciwciała IgM przeciwko antygenom lipopolisacharydów, a już w drugim tygodniu przeciwciała IgG. Oba izotypy przeciwciał osiągają szczyt w czwartym tygodniu, a stosowanie antybiotyków wiązało się z obniżeniem poziomu przeciwciał zarówno klasy IgM, jak i IgG. Diagnoza brucelozy opiera się na szczegółowym wywiadzie uzyskanym od pacjentów, a izolacja Brucella spp. z hodowli krwi jest akceptowana jako metoda standardowa. Ostateczna diagnoza brucelozy wymaga izolacji bakterii z krwi, szpiku kostnego lub próbek tkanek. Chociaż czułość metody posiewów krwi różni się w zależności od indywidualnych praktyk laboratoryjnych, ilości bakterii we krwi oraz stosowanych metod, zmienia się ona w granicach 15-70 %. Hodowla szpiku kostnego jest uważana za złoty standard w diagnostyce brucelozy, ponieważ stosunkowo wysokie stężenie *Brucelli* w układzie siatkówkowo-śródbłonkowym umożliwia wykrycie organizmu. Standardowy test aglutynacji probówkowej (SAT) jest najczęściej stosowanym testem serologicznym w celu potwierdzenia ludzkiej brucelozy. W przeciwnym razie, testy immunoenzymatyczne (ELISA), które mierzą specyficzne przeciwciała IgM, IgG i IgA, pozwalają na lepszą interpretację sytuacji klinicznej i przezwyciężenie fałszywych negatywów/pozytywności, które mogą pojawić się w SAT (Aliskan, 2008).

Cytokiny odgrywają również kluczową rolę w patogenezie brucelozy, ponieważ równowaga Th1/Th2 może mieć wpływ na podatność na zakażenie Brucella (Galanakis i in., 2002). Cytokina Th1, IFN-γ, aktywuje makrofagi, które ograniczają zakażenie Brucelli in vitro i in vivo (Golding i in., 2001). Increased levels of IFN-γ in acute human brucellosis have been reported (Ahmed et al., 1999; Giambartolomei et al., 2002). Pełnokrwisty test interferonu-gamma (IFN-γ) jest ilościowym testem in vitro służącym do bezpośredniego odczytu odpowiedzi układu odpornościowego z komórkami swoistymi dla Ag (CMI) na choroby zakaźne. Badanie IFN-γ jest skuteczne w ciężkich infekcjach wewnątrzkomórkowych, takich jak *Brucella* (Riber *i in.*, 2011).

Z drugiej strony, zwalczanie brucelozy może przyczynić się do rozwoju odpowiedniej infrastruktury w miejscach produkcji zwierzęcej, sanitacji żywności i publicznej opieki zdrowotnej. Ponadto zarządzanie brucelozą wymaga działań wspierających ze strony różnych sektorów, w tym służby zdrowia publicznego, departamentów rolnictwa i środków masowego przekazu.

Książka ta kładzie nacisk na podstawowe środki higieny środowiskowej i zawodowej w społeczności i w gospodarstwie domowym, a także na kolejność działań wymaganych do wykrycia i leczenia pacjentów.

Fakty o brucelozie:

Bruceloza jest jednym z najczęstszych zakażeń zoonotycznych, co roku na całym świecie zgłasza się ponad 500 000 nowych przypadków (Pappas *i in.*,

2006a). Większość przypadków występuje w krajach śródziemnomorskich Europy i Afryki, na Bliskim Wschodzie, w Indiach, Azji Środkowej, Meksyku, Ameryce Środkowej i Południowej (Pourbagher *i in.*, 2006).

Bruceloza została nazwana na cześć Sir Davida Bruce'a, brytyjskiego lekarza wojskowego, który wyizolował *Brucella melitensis* (*Micrococcus melitensis*) w 1887 roku od brytyjskiego żołnierza, który zmarł na Malcie na skutek gorączki maltańskiej (Godfroid *i in.*, 2005).

Choroba u ludzi otrzymała wiele innych nazw, w tym chorobę Bang'a (po mikrobiologu Bernhard'u Bang'u (1948- 1932), który badał tę chorobę), gorączkę maltańską, gorączkę skalną Gibraltaru i gorączkę Krety, po zlokalizowanych epidemiach w tych miejscowościach. Bruceloza u ludzi charakteryzuje się zmienną gorączką, która nadaje chorobie jedną z jej wspólnych nazw (gorączka niedulikatna), dreszcze, pocenie się, bóle głowy, bóle mięśni i utrata masy ciała (Bauman, 2007).

Bruceloza jest złożoną chorobą, a szereg pierwotnych żywicieli *Brucelli* obejmuje kilka zwierząt domowych lub półdomowych, waleni, płetwonogich i niektórych dzikich gryzoni. U zwierząt domowych choroba ta objawia się poronieniem i niepłodnością (Acha i Szyfres, 2003).

Ludzie zazwyczaj nabywają brucelozę od zwierząt domowych poprzez bezpośredni kontakt lub spożycie ich produktów i sami nie są źródłem zakażenia. Bruceloza u ludzi rzadko jest śmiertelna, ale może mieć poważne konsekwencje (Tabak *i in.*, 2008).

Bruceloza ludzka dotyczy wszystkich grup wiekowych. Mężczyźni są częściej dotknięci brucelozą niż kobiety, co może być spowodowane ryzykiem narażenia zawodowego (Mantur *i in.*, 2006). Czas trwania choroby u człowieka i jej długa rekonwalescencja spowodowały problem ekonomiczny, jak również problem medyczny dla zakażonego pacjenta z powodu jego nieobecności w pracy. Wczesna diagnoza i leczenie znacznie skróciły czas, w którym pacjent może być niezdolny do pracy. Podczas gdy w niektórych regionach, w których nie jest dostępna skuteczna diagnoza lub leczenie, choroba zwierzęca nadal stanowi stałe zagrożenie dla zdrowia ludzkiego, szczególnie dla tych grup społecznych i ekonomicznych, które są najbardziej narażone.

Co więcej, wysoki stopień zachorowalności, zarówno w przypadku zwierząt, jak i ludzi, jest ważną przyczyną strat finansowych i stanowi poważny problem w zakresie zdrowia publicznego w wielu krajach rozwijających się (Corbel, 1997).

Choroba może być podstępna i może występować w wielu nietypowych typach. W większości przypadków objawy są bardzo łagodne. W związku z tym diagnoza może nie być nawet przeprowadzona. Nawet w przypadku ciężkich zakażeń diagnostyka różnicowa może być nadal trudna. Zastosowanie dobrze kontrolowanych procedur laboratoryjnych i staranna interpretacja mogą być w tym procesie bardzo pomocne. Podczas gdy niektóre regiony nadal potrzebują wsparcia technicznego. Należy również zauważyć, że dostępna jest podstawowa wiedza naukowa i techniki, które są niezbędne do leczenia choroby u przeżuwaczy.

Nawet w przypadku brucelozy u zwierząt, która nie jest zwalczana, należy podjąć środki higieniczne w celu zapobiegania zakażeniom ludzi i leczenia osób zakażonych.

Globalna dystrybucja i ekonomiczny wpływ brucelozy:

Bruceloza jest główną zoonotyczną chorobą, która stanowi poważny problem dla zdrowia publicznego i gospodarki na całym świecie (Corbel, 1997). Największe obciążenie chorobą występuje w krajach basenu Morza Śródziemnego i w obszarze arabskim. Choroba pozostaje również endemiczna w wielu krajach, zwłaszcza w Indiach, Meksyku i Ameryce Południowej i Środkowej, jednak częstość występowania i rozpowszechnienia choroby różnią się znacznie w poszczególnych krajach (Khan *i in.* , 2001).

Geograficzne rozmieszczenie brucelozy stale się zmienia, pojawiają się lub powracają nowe ogniska. Epidemiologia brucelozy u ludzi zmieniła się drastycznie w ciągu ostatnich kilku lat z różnych powodów sanitarnych, społeczno-ekonomicznych i politycznych, wraz ze wzrostem liczby podróży międzynarodowych. Pojawiły się nowe ogniska brucelozy ludzkiej, szczególnie w Azji Środkowej, podczas gdy sytuacja w niektórych krajach

Bliskiego Wschodu szybko się pogarsza (Pappas *i in.*, 2006b).

Choroba ta występuje na całym świecie, z wyjątkiem tych państw , w których wyeliminowano brucelozę bydła (*B. abortus*). Definiuje się to jako brak jakichkolwiek zgłoszonych przypadków przez co najmniej pięć lat. Do państw tych należą: Australia, Kanada, Cypr, Dania, Finlandia, Niderlandy, Nowa Zelandia, Norwegia, Szwecja i Zjednoczone Królestwo. Kraje śródziemnomorskie w Europie, Afryce Północnej i Wschodniej, krajach Bliskiego Wschodu, Indiach, Azji Środkowej, Meksyku oraz Ameryce Środkowej i Południowej nadal nie są wolne od brucelozy. Chociaż *B. melitensis* nigdy nie została wykryta w niektórych krajach, nie ma wiarygodnych doniesień, że kiedykolwiek została zwalczona u małych przeżuwaczy w jakimkolwiek kraju (Robinson, 2003).

W większości krajów bruceloza jest chorobą podlegającą obowiązkowi zgłoszenia na szczeblu krajowym i podlegającą obowiązkowi zgłoszenia do lokalnych organów ds. zdrowia, jednak zaniżone i oficjalne dane liczbowe stanowią jedynie ułamek rzeczywistej liczby zachorowań na tę chorobę. Tak więc rzeczywista częstość występowania brucelozy u ludzi jest nieznana, a szacowane obciążenie chorobą jest bardzo zróżnicowane, od $<0,03$ do >160 na 100 000 mieszkańców (Taleski i in., 2002 oraz Pappas i in., 2006b).

Choroba ta występuje na całym świecie, z wyjątkiem tych państw, w których zlikwidowano brucelozę bydła (*B. abortus*). Definiuje się to jako brak jakichkolwiek zgłoszonych przypadków przez co najmniej pięć lat. Do państw tych należą: Australia, Kanada, Cypr, Dania, Finlandia, Niderlandy, Nowa Zelandia, Norwegia, Szwecja i Zjednoczone Królestwo. Kraje śródziemnomorskie w Europie, Afryce Północnej i Wschodniej, krajach Bliskiego Wschodu, Indiach, Azji Środkowej, Meksyku oraz Ameryce Środkowej i Południowej nadal nie są wolne od brucelozy. Chociaż *B. melitensis* nigdy nie została wykryta w niektórych krajach, nie ma wiarygodnych doniesień, że kiedykolwiek została zwalczona u małych przeżuwaczy w jakimkolwiek kraju (Robinson, 2003).

Chociaż szacunki dotyczące kosztów związanych z zakażeniami brucelozą ograniczają się do określonych krajów, wszystkie dane wskazują, że światowe straty gospodarcze spowodowane brucelozą są znaczne nie tylko w produkcji zwierzęcej (zmniejszenie ilości mleka, poronienia i opóźnione poczęcie), ale także w dziedzinie zdrowia publicznego (koszty leczenia i utrata wydajności) (Acha i Szyfres, 2003; Sriranganathan *i in.*, 2009).

Objawy kliniczne

Bruceloza jest przede wszystkim chorobą zwierząt, zwłaszcza zwierząt hodowlanych. Jest ona wywoływana przez bakterie z gatunku *Brucella*, które mogą zarażać ludzi jako przypadkowych żywicieli. Innymi słowy jest to zoonoza. Wyróżnia się sześć głównych "gatunków": *B. abortus, B. suis, B. melitensis, B. neotomae, B. ovis, B. canis*. Szczepy wyizolowane od ssaków morskich należą do co najmniej trzech grup różniących się od nich i mogą być oznaczone jako nowe "gatunki wg nomenklatury". Zróżnicowanie tych wariantów ma praktyczne znaczenie, ponieważ epidemiologia i w mniejszym stopniu nasilenie choroby u ludzi zależy od rodzaju organizmu i jego źródła. Tak więc *B. abortus* jest zwykle związany z bydłem, *B. melitensis* z owcami i kozami, *B.suis* ze świniami (chociaż biotypy 4 i 5 są szczególnie związane odpowiednio z reniferami i gryzoniami). B. *ovis* powoduje infekcję specyficzną dla owiec i nie ma jednoznacznego związku z chorobą ludzką, *B. suis* biovar 5 został wyizolowany tylko kilka razy od gryzoni, a *B. canis* jest zwykle związany z chorobą u psów, ale może powodować brucelozę u ludzi. B. *neotomae była izolowana tylko kilka razy* i nigdy nie pojawiła się w chorobie u ludzi (Corbel, 1999).

Choroba ludzka objawia się zazwyczaj jako ostra gorączkowa choroba, która może się utrzymywać i przechodzić w przewlekle ubezwłasnowolnioną chorobę z poważnymi powikłaniami. Prawie zawsze nabywa się ją bezpośrednio lub pośrednio ze źródeł zwierzęcych, z których zdecydowanie najważniejsze są bydło, owce, kozy i świnie. U tych naturalnych żywicieli infekcja zazwyczaj osadza się w przewodzie rozrodczym, co często prowadzi do poronień. Wydaliny z narządów płciowych i mleka są częste i stanowią główne źródło infekcji u ludzi (WHO, 2006).

Obraz kliniczny nie jest specyficzny dla zwierząt lub ludzi, a diagnoza musi być poparta badaniami laboratoryjnymi. Skuteczne leczenie jest dostępne w przypadku choroby ludzkiej, ale ideałem jest zapobieganie, poprzez kontrolę zakażeń u zwierząt oraz poprzez wdrażanie środków higienicznych na poziomie indywidualnym i zdrowia publicznego.

Choroba u ludzi:

Brucelozę można zdefiniować jako ostrą lub podostrą gorączkową chorobę, najczęściej charakteryzującą się przejściową lub przejściową gorączką, której może towarzyszyć złe samopoczucie, brak łaknienia i prostaty, i która w przypadku braku odpowiednich leków może utrzymywać się przez wiele miesięcy. Może dojść do powiększenia się wątroby, śledziony i/lub węzłów chłonnych. Faza ostra może rozwinąć się do fazy przewlekłej z nawrotem choroby, rozwojem przewlekłego zakażenia miejscowego lub zespołu niespecyficznego przypominającego "zespół przewlekłego zmęczenia".

Rozpoznanie takich przypadków musi być poparte badaniami laboratoryjnymi, które potwierdzają obecność samego organizmu lub specyficznej odpowiedzi immunologicznej rozwiniętej na jego antygeny. Oprócz obecności pewnych dowodów potwierdzających diagnozę, jak następuje:

- ❖ Historia ostatniego kontaktu ze znanym lub prawdopodobnym źródłem *Brucella* spp. takim jak żywiciel zwyczajny, bydło, owce, kozy, świnie, wielbłądy, jaki, bawoły lub psy; spożycie mleka lub przetworów mlecznych oraz, w mniejszym stopniu, mięsa i podrobów pochodzących od tych gatunków.

- ❖ Odporność organizmu i jego wysoka zjadliwość spowodowały, że skażenie środowiska stanowi prawdopodobne zagrożenie, choć zawsze trudno to udowodnić. Narażenie zawodowe i/lub przebywanie na obszarze, na którym zakażenie jest częste, również zwiększa prawdopodobieństwo rozpoznania, jak poniżej:

- Izolacja i identyfikacja organizmu.
- Wykorzystanie reakcji łańcuchowej polimerazy (PCR) do wykazania obecności materiału genetycznego *Brucelli* we krwi lub innych tkankach.
- Wykazanie za pomocą zatwierdzonej metody serologicznej *Brucelli*

antygen we krwi lub tkankach.

- Oznaczanie miana przeciwciał anty-Brucella przy użyciu testów immunologicznych (w przypadku braku ekspozycji na jakiekolwiek źródło antygenów reagujących krzyżowo).
- Oznaczanie wysokiego/wzmocnionego miana IgG przy użyciu testu aglutynacji, odczynu wiązania dopełniacza lub testu ELISA ze standaryzowanym antygenem *Brucelli* (WHO, 2004).

Wrażliwość ludzi na *Brucellę* zależy od różnych czynników, w tym od stanu odporności, dróg zakażenia, wielkości inokulum i gatunku *Brucelli*. *Stwierdzono*, że *B. melitensis* i *B. suis* są bardziej zjadliwe dla ludzi niż *B. abortus* i *B. canis,* ale mogą wystąpić poważne komplikacje z każdym gatunkiem *Brucelli* (Corbel i Beeching NJ, 2004).

Częstymi drogami zakażenia *Brucella* są: bezpośrednie szczepienia przez nacięcia i otarcia skóry, szczepienia przez worek spojówkowy oczu, wdychanie zakaźnych aerozoli oraz spożycie zakaźnego niepasteryzowanego mleka lub innych produktów mlecznych. Również transfuzja krwi, transplantacja tkanek i przenoszenie drogą płciową są możliwe, ale rzadkie.

Okres inkubacji tego zakażenia wynosi od 1 do 3 tygodni, ale może trwać kilka miesięcy, zanim pojawi się choroba kliniczna. Najczęstsze niespecyficzne objawy brucelozy to gorączka, nocne pocenie się, astenia, bezsenność, anoreksja i ból głowy (Espinosa *i in.*, 2009).

Bruceloza ludzka jest chorobą wielosystemową, która może występować w szerokim spektrum objawów klinicznych (Solera *i in.*, 1997). Do najczęstszych objawów brucelozy zalicza się gorączkę undulant, w której temperatura może wahać się od 37°C rano do 40°C po południu; nocne poty o swoistym zapachu, dreszcze i osłabienie (Acha i Szyfres, 2003).

Objawy kliniczne są niespecyficzne, które obejmują gorączkę, poty, zmęczenie, złe samopoczucie, bezsenność, anoreksja, utrata masy ciała, bóle głowy, bóle stawów, zaparcia, impotencja seksualna, nerwowość, depresja i bóle pleców.

Najczęściej pacjenci czują się lepiej rano, a objawy pogarszają się w miarę upływu dnia. Chęć odpoczynku i depresji może być głęboka. . Nieleczona gorączka woskuje się i zanika w ciągu kilku dni, tzw. gorączka undulant (Young i Corbel, 1989).

Gatunki *Brucella* są fakultatywnym wewnątrzkomórkowym organizmem. Może przetrwać wewnątrz komórek fagocytowych gospodarza, podczas gdy mechanizm, za pomocą którego *Brucella* może najeżdżać wewnątrzkomórkowe jest niekompletnie znany. Chociaż *Brucella* przeważnie zostać sekwestrowany wśród monocytów i makrofagów siateczkowo-śródbłonka system (RES) jak węzły chłonne, wątroba, śledziona i szpik kostny, Bruceloza jako systemowa infekcja która może wymagać inne tkanki. Tak więc, gdy objawy kliniczne stają się związane z określonym organem, choroba jest określana jako "zlokalizowana". Lokalizacja zawsze dotyczy narządów OZE (WHO, 2005).

Chociaż przeciwciała odgrywają krytyczną rolę w oporności na infekcje, to jednak główny mechanizm powrotu do zdrowia po brucelozie zależy od komórkowego pośrednictwa. Odporność komórkowa obejmuje rozwój specyficznych cytotoksycznych limfocytów T i aktywację makrofagów, potęgowanie ich aktywności bakteriobójczej poprzez uwalnianie z komórek pomocniczych T cytokin, takich jak interferon gamma i czynnik martwicy nowotworów. Ze względu na rozwój odporności za pośrednictwem komórek, u gospodarza pojawia się zazwyczaj skórna opóźniona nadwrażliwość na antygen *Brucelli* (WHO, 2006).

Chociaż uważa się, że bruceloza powoduje mniej spontanicznych poronień u ludzi niż u zwierząt ze względu na brak erytrytolu, preferencyjnego medium i czynnika wzrostu *Brucelli,* w łożysku ludzkim i obecność aktywności antybrucelozy w ludzkim płynie owodniowym, istnieją pewne dowody na to, że może ona powodować większą liczbę powikłań, takich jak aborcja, poród przedwczesny i wewnątrzmaciczny upadek płodu, częściej niż inne infekcje bakteryjne (Kurdoglu, 2010).

Co więcej, wysoki stopień zachorowalności, zarówno w przypadku zwierząt, jak i ludzi, jest ważną przyczyną strat finansowych i stanowi poważny problem w zakresie zdrowia publicznego w wielu krajach rozwijających się (Corbel, 1997).

Chociaż szacunki dotyczące kosztów związanych z zakażeniami brucelozą ograniczają się do określonych krajów, wszystkie dane wskazują , że światowe straty gospodarcze spowodowane brucelozą są znaczne nie tylko w produkcji zwierzęcej, powodując zmniejszenie ilości mleka, poronienia i opóźnienia w poczęciu, ale także w zdrowiu publicznym z powodu kosztów leczenia i utraty wydajności (Acha i Szyfres, 2003 i Sriranganathan *et al.*, 2009).

U ludzi bruceloza zachowuje się jak ogólnoustrojowa infekcja o bardzo zróżnicowanym spektrum klinicznym. C horoba zazwyczaj przedstawia się jako gorączka bez widocznego skupienia, chociaż w 20-40% przypadków występują formy ogniskowe. Ponieważ obraz kliniczny brucelozy u ludzi jest dość nieswoisty, ostateczne rozpoznanie wymaga izolacji organizmu przyczynowego lub wykazania wysokiego poziomu swoistych przeciwciał (Ruiz-Mesa, 2005).

U niektórych pacjentów ostra i przewlekła bruceloza może prowadzić do powikłań, które dotyczą kilku układów narządowych. Obejmują one różne objawy kostno-stawowe, żołądkowo-jelitowe, sercowo-naczyniowe, neurologiczne, moczowo-płciowe, płucne, hematologiczne i skórne (Solera *i in.*, 1997 i Young, 2000).

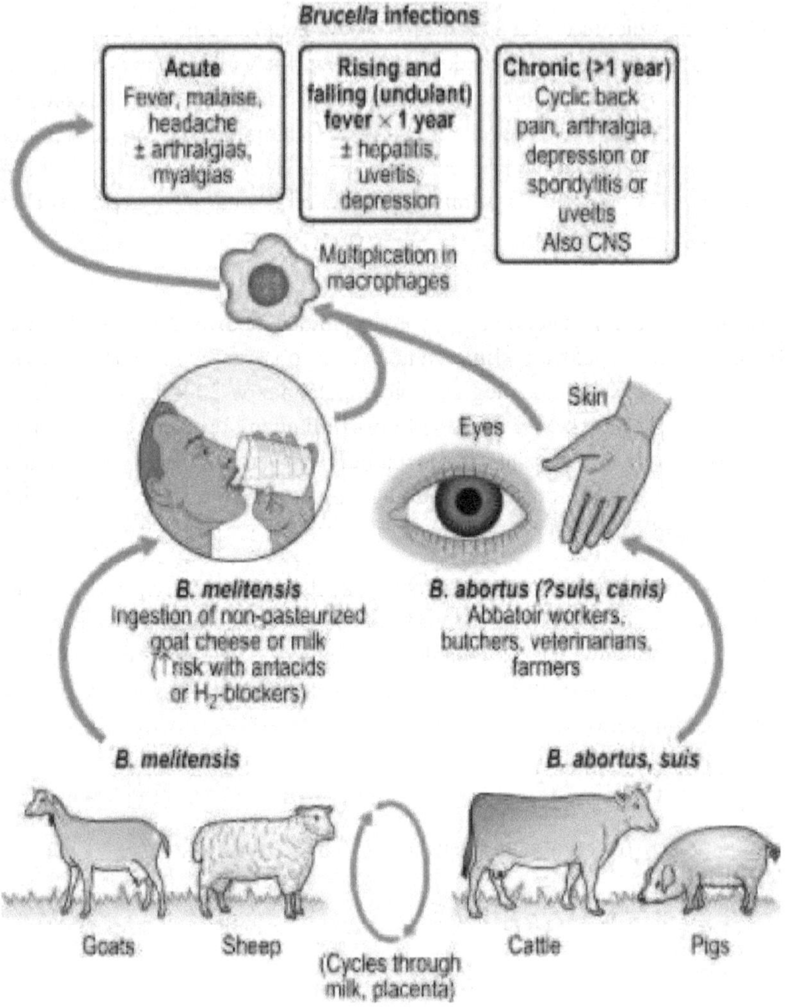

Cykl życia brucelozy

Powikłania osteoartularne

Najczęstsze powikłania brucelozy występują w kościach i stawach aż w 40% przypadków, w tym w zapaleniu kości krzyżowych, zapaleniu stawów kręgosłupa, zapaleniu stawów obwodowych, zapaleniu szpiku kostnego, zapaleniu kaletki oraz zapaleniu tenosynowów. Najczęstsze jest zapalenie kości krzyżowych i stawów. Pacjenci zgłaszają się z gorączką i bólami pleców, często promieniującymi w dół nóg (rwa kulszowa). Dzieci mogą nie chodzić i przybierać na wadze na kończyny. We wczesnym stadium choroby, zdjęcia radiologiczne i scyntygramy kostne mogą wydawać się normalne, ale z czasem tomografia komputerowa (CT) lub jądrowy rezonans magnetyczny (NMR) mogą wykazywać zwężenie przestrzeni międzykręgowej. Zapalenie szpiku kostnego kręgów jest łatwo zauważalne dzięki skanerom radionukleidowym, które pokazują zniszczenie ciał kręgowych. Kręgi lędźwiowe są uwzględniane częściej niż kręgi piersiowe i szyjne. Ropnie parakokręgowe są mniej powszechne w brucelozie niż w gruźlicy kręgosłupa. Odnotowano postinfekcyjną spondyloartropatię obejmującą wiele stawów i wydaje się, że wynika ona z krążących kompleksów immunologicznych (Corbel i Beeching, 2004).

Powikłania żołądkowo-jelitowe

Bruceloza jest powszechnie przenoszona przez żywność, a niepasteryzowane mleko lub produkty mleczne są częstymi nośnikami przenoszenia choroby. Bruceloza przenoszona przez żywność wydaje się być jak dur brzuszny, w którym objawy systemowe dominują bardziej niż dolegliwości żołądkowo-jelitowe. Niektórzy pacjenci z tą chorobą odczuwają nudności, wymioty i bóle brzucha. Rzadkie przypadki zapalenia jelita krętego, jelita grubego i spontanicznego bakteryjnego zapalenia otrzewnej zostały odnotowane (Corbel i Beeching, 2004).

Powikłania żółciowo-żółciowe

Wątroba często bierze udział w brucelozie, ale badania czynności wątroby mogą być prawidłowe lub tylko nieznacznie podwyższone. Zmiany histologiczne w wątrobie są zróżnicowane. *B. porwania* mogą prowadzić do ziarniniaków nabłonkowych, które są nie do odróżnienia od zmian sarkoidozowych. W przypadku *B. melitensis* pojawiają się rozproszone małe ogniska zapalenia przypominające wirusowe zapalenie wątroby. Sporadycznie w obrębie miąższu wątroby z obszarami martwicy wątrobowo-komórkowej znajdują się większe skupiska komórek zapalnych niż w przypadku B. melitensis. W pozostałych przypadkach mogą występować małe, luźno utworzone ziarniniaki nabłonkowe z olbrzymimi komórkami. Zajęcie wątroby, marskość po marskości wątroby jest bardzo rzadkie. W związku z *B. suis* opisano ropnie wątroby oraz przewlekłe zmiany ropne wątroby i innych narządów. Ostre lub przewlekłe zapalenie pęcherzyka żółciowego było zgłaszane w związku z brucelozą (Corbel and Beeching, 2004). Satti *i wsp.* (1990) opisali cztery przypadki ziarniniaka wątroby z powodu brucelozy.

Powikłania w drogach oddechowych

Wdychanie skażonego aerozolu jest drogą przenoszenia brucelozy, szczególnie w rzeźniach, "w których dokonuje się uboju zakażonych zwierząt". Odnotowano różne powikłania płucne, w tym limfadenopatię górnych i dolnych dróg oddechowych, śródmiąższowe zapalenie płuc, zapalenie oskrzeli, guzki płuc, wysięki w opłucnej i rozedmę. *Brucella* rzadko izolowana jest z wykrztuszanej plwociny (Corbel i Beeching, 2004).

Komplikacje układu moczowo-płciowego

Najczęstszymi powikłaniami brucelozy narządów płciowych u mężczyzn są zapalenie jamy ustnej i najądrza. Zazwyczaj jednostronne zapalenie jamy ustnej wywołane przez *Brucella* może naśladować raka jąder lub gruźlicę. Pomimo, że *Brucella* jest

Odzyskiwanie plemników ludzkich z banku, jest kilka przypadków wskazujących na transmisję seksualną. Nerki w brucelozie występują rzadko, a jeśli występują, mogą przypominać gruźlicę nerek. U kobiet odnotowano rzadkie przypadki ropni miednicy i zapalenia saletry (Corbel and Beeching, 2004).

Ciąża i karmienie piersią

Bruceloza w trakcie ciąży może stanowić ryzyko samoistnej aborcji lub przeniesienia wewnątrzmacicznego na niemowlę, co jest częstym powikłaniem brucelozy u zwierząt. Uważa się, że lokalizacja łożyska jest związana z erytrytolem (środkiem stymulującym wzrost dla *B. abortus*).

Chociaż erytrytol nie jest obecny w ludzkiej tkance łożyska, bakteriemia *Brucella* może powodować aborcje, szczególnie we wczesnym pierwszym i drugim trymestrze. Ten punkt wymaga więcej badań w celu wyjaśnienia jego przyczyny. Szybka diagnoza i postępowanie w przypadku brucelozy w czasie ciąży jest ratunkiem dla płodu. Rzadko dochodzi do przenoszenia się choroby z człowieka na człowieka z matek karmiących do niemowląt karmionych piersią (Khan *i in.*, 2001 i Corbel i Beeching, 2004).

Powikłania sercowo-naczyniowe

Zakaźne zapalenie wsierdzia jest najczęstszą sercowo-naczyniową manifestacją i uważa się, że jest najczęstszą przyczyną śmierci z powodu brucelozy. Zapalenie wsierdzia notowane jest w około 2% przypadków i może dotyczyć zarówno rodzimych, jak i protetycznych zastawek serca. Zastawka aortalna jest zakażona częściej niż zastawka mitralna. Tętniaki zatoki Valsalvy i innych struktur naczyniowych wydają się być najczęstszą przyczyną zakażenia w przypadku *B. suis*. *Tętniaki grzybicze*, zwykle obejmujące tętnicę środkową mózgu, mogą być neurologicznym powikłaniem infekcyjnego zapalenia wsierdzia.

Leczenie zapalenia wsierdzia wywołanego przez gatunek *Brucella* wymaga zazwyczaj połączenia terapii przeciwbakteryjnej z operacją wymiany zastawki (Corbel and Beeching, 2004). Zapalenie wsierdzia pozostaje główną przyczyną śmiertelności w przebiegu brucelozy (Pappas *i in.*, 2005a).

Powikłania neurologiczne

Neuro-bruceloza odnosi się do różnych powikłań neurologicznych związanych z brucelozą. Inwazja ośrodkowego układu nerwowego następuje bezpośrednio w około 5% przypadków zakażenia *B. melitensis*. Do zespołów neurologicznych w brucelozie należą: zapalenie opon mózgowych, zapalenie mózgu, zapalenie rdzenia kręgowego, radikuloneurtyzm, ropień mózgu, ropień zewnątrzoponowy, ziarniniak oraz zespoły demielinizacyjne i meningonaczyniowe (Young, 2010). Najczęstszymi objawami są zapalenie opon mózgowych i meningoencefalii. Zapalenie opon mózgowo-rdzeniowych *Brucella* może być ostre lub przewlekłe. Często zdarza się to późno w przebiegu choroby. Analiza płynu mózgowo-rdzeniowego (CSF) zwykle ujawnia wzrost zawartości białka, prawidłowe lub niskie stężenie glukozy oraz limfocytozę. *Brucella* rzadko jest izolowana z płynu mózgowo-rdzeniowego, ale swoiste przeciwciała mogą być określone w płynu mózgowo-rdzeniowym i surowicy (Corbel and Beeching, 2004).

Inne objawy brucelozy w OUN to zapalenie naczyń mózgowych, tętniaki grzybicze, ropnie mózgu i ropnie zewnątrzoponowe, zawały, krwotoki i ataksja mózgu. Powikłania nerwów obwodowych obejmują neuropatię/radikulopatię, zespół Guillaina-Barrégo oraz zespół poliomyelitis-like syndrome. Skany mózgu (np. tomografia komputerowa, rezonans magnetyczny) są zwykle prawidłowe w zapaleniu opon mózgowych, ale mogą być przydatne do wykrywania zmian przestrzennych i integralności przestrzeni zewnątrzoponowej. Zwapnienia zwojów podstawnych zostały zgłoszone u niektórych pacjentów z neuro-brucelozą (Corbel i Beeching, 2004).

Powikłania skórne

U pacjentów z brucelozą zgłaszano różne zmiany skórne, w tym wysypki, guzki, grudki, rumień guzowaty, wybroczyny i plamistość. W przypadku *B. suis najczęstsze są owrzodzenia* skóry, ropnie i ropne zapalenie węzłów chłonnych. Sporadycznie może dojść do epistaksji, krwawienia z dziąseł, krwotoku i plamienia skóry w połączeniu z ciężką małopłytkowością, która została przypisana hipersplenizmowi, hemafagocytozie szpiku kostnego i/lub przeciwciałom przeciwpłytkowym (Corbel and Beeching, 2004).

Powikłania oftalmiczne

Chociaż jest to rzadkość, u pacjentów z brucelozą stwierdzono różne zmiany w oczach. Najczęstszym objawem jest zapalenie błony naczyniowej, które może występować jako przewlekłe zapalenie irydocyklowe, zdrętwiałe zapalenie rogówki, wieloogniskowe zapalenie tarczycy lub zapalenie błony śluzowej oka. Pomimo, że organizmy *Brucelli* nie zostały wyizolowane ze struktur oka u ludzi, wiele z tych zmian uważanych jest za późne powikłania, które mogą mieć podłoże immunologiczne. W związku z tym zwykłym lekiem na powikłania okulistyczne są sterydy (Corbel i Beeching, 2004).

Przewlekła bruceloza

Termin "przewlekła bruceloza" jest używany dla pacjentów, u których objawy kliniczne utrzymują się dłużej niż 12 miesięcy od momentu postawienia diagnozy. Pacjentów dzieli się na trzy kategorie: nawrót choroby, przewlekłe zakażenie zlokalizowane i opóźniona rekonwalescencja.

1. Nawrót oznacza nawrót objawów klinicznych z dodatnim lub bez dodatnim wynikiem hodowli, występujący w pewnym momencie po zakończeniu leczenia. Pacjenci z nawrotem charakteryzują się obiektywnymi objawami zakażenia, takimi jak gorączka, oraz utrzymującym się podwyższonym mianem przeciwciał IgG w ich surowicy. Większość nawrotów pojawia się w ciągu sześciu miesięcy po przerwaniu terapii, a nawrót nie jest zwykle spowodowany pojawieniem się szczepów opornych na antybiotyki, chociaż zaobserwowano to po monoterapii ryfampicyną lub streptomycyną. Dlatego nawrót choroby można zwykle leczyć, powtarzając przebieg terapii tymi samymi lekami.

2. Przewlekłe zakażenie zlokalizowane oznacza nawrót charakterystycznych objawów i oznak (z dodatnim wynikiem hodowli krwi lub bez) spowodowanych nieusunięciem głębokiego ogniska zakażenia, takich jak zapalenie szpiku kostnego lub głębokie ropnie tkanek. Pacjenci z miejscowym zakażeniem mają również obiektywne objawy zakażenia, takie jak gorączka, chociaż objawy mogą powracać nieregularnie w długim okresie czasu. Podobnie jak w przypadku pacjentów z nawrotem choroby, zakażenie miejscowe charakteryzuje się trwałym podwyższeniem poziomu przeciwciał IgG w surowicy. W przeciwieństwie do nawrotu choroby, przewlekła bruceloza lokalna może wymagać interwencji chirurgicznej w celu usunięcia ognisk zakażenia, oprócz leczenia antybiotykami.

3. Opóźniona rekonwalescencja oznacza utrzymywanie się objawów, bez obiektywnych objawów infekcji, takich jak gorączka, u pacjentów, którzy zakończyli leczenie, a u których miana przeciwciał zmniejszyły się lub nawet zanikły. Etiologia opóźnionej rekonwalescencji nie jest znana, ale badania psychologiczne niektórych pacjentów sugerują wysoką częstość występowania zaburzeń osobowości, często poprzedzających początek brucelozy. W każdym razie, pacjenci z opóźnioną rekonwalescencją nie wydają się odnosić korzyści z

powtarzających się zaburzeń osobowości.

kursy terapii antybakteryjnej (Corbel i MacMillan AP, 1999).

Bruceloza dziecięca

Niegdyś uznawana za rzadką u dzieci, obecnie uznaje się, że bruceloza może dotyczyć osób w każdym wieku, szczególnie na obszarach, gdzie dominuje *B. melitensis*. Przebieg zakażenia i częstość występowania powikłań wydają się być podobne niezależnie od wieku pacjentów (WHO, 2006). Bruceloza dziecięca wykazuje na ogół łagodniejszy przebieg pod względem częstości i ciężkości powikłań oraz reakcji na leczenie (Shaalan *i in.*, 2002 oraz Giannakopoulos *i in.*, 2006).

Tak więc, możemy podsumować kluczowe punkty brucelozy u ludzi, jak następuje:

- Bruceloza ludzka jest zazwyczaj ostrą, gorączkową chorobą.
- Większość przypadków jest spowodowana przez *B. melitensis*.
- Dotyczy to wszystkich grup wiekowych.
- Powikłania mogą dotyczyć każdego układu narządowego.
- Choroba może utrzymywać się jako nawrót choroby, przewlekłe zakażenie miejscowe lub opóźniona rekonwalescencja.

Choroba u zwierząt:

Bruceloza jest chorobą podostrą lub przewlekłą, która może dotyczyć wielu gatunków zwierząt. U bydła, owiec, kóz, innych przeżuwaczy i świń początkowa faza po zakażeniu często nie jest widoczna. U dojrzałych płciowo zwierząt zakażenie lokalizuje się w układzie rozrodczym i zazwyczaj wywołuje zapalenie łożyska, po którym następuje poronienie ciężarnej samicy, zazwyczaj w ostatniej trzeciej części ciąży, oraz zapalenie najądrza i sadeł u samców. Objawy kliniczne nie są patognomiczne, a diagnoza zależy od wykazania obecności *Brucella* spp. albo poprzez izolację bakterii lub wykrycie ich antygenów lub materiału genetycznego, albo poprzez wykazanie swoistych przeciwciał lub reakcji immunologicznych wywołanych przez komórki (Crespo León, 1994).

Bruceloza może zarażać wiele gatunków zwierząt, ale szczególnie te, które produkują żywność: owce (zwłaszcza mleczne), kozy, bydło i świnie oraz na bardziej lokalną skalę, wielbłądy, bawoły, jaki i renifery. Pięć z sześciu obecnie rozpoznanych gatunków *Brucelli* powoduje zakażenie i objawy kliniczne u jednego lub więcej żywicieli zwierząt. Cztery z nich wywołują również choroby ludzkie: *B. melitensis*, *B. suis*, *B. abortus* i *B. canis* w porządku malejącym pod względem patogenności. Niedawno rozpoznane typy związane ze zwierzętami morskimi mogą mieć również zdolność do wywoływania chorób u ludzi. *Brucellae* są nieco specyficzne dla żywiciela, ale zdarzają się infekcje międzygatunkowe, szczególnie w przypadku *B. melitensis*. Infekcje u wielu gatunków dzikich zwierząt były zgłaszane, ale te, które w oczywisty sposób wpływają na płodność populacji i powodują infekcje u ludzi, są dość rzadkie. Zakażenia B. *melitensis* w stadach mlecznych mają jednak poważne konsekwencje dla gospodarki i zdrowia publicznego. Zakażenia u owiec i kóz są wysoce zaraźliwe ze względu na patogenność *B. melitensis* i z powodu bliskiego kontaktu spowodowanego zagęszczeniem stad, mieszaniem się stad i dużym narażeniem w pomieszczeniach mieszkalnych. Przenoszenie się choroby ze zwierząt na zwierzęta następuje w wyniku dużej liczby organizmów gubiących się w środowisku. Ludzie są często zakażeni w wyniku bezpośredniego kontaktu ze zwierzętami lub spożycia zanieczyszczonych produktów mlecznych. Przypadki u ludzi mogą być użytecznym wskaźnikiem obecności choroby w populacjach zwierząt i mogą być jedynym źródłem informacji do celów nadzoru. Ważne jest jednak, aby ustalić, czy zakażenie zostało nabyte lokalnie czy gdzie indziej, a jeśli dotyczy produktów spożywczych, ustalić, czy były one produkowane lokalnie czy importowane (Halling i Boyle, 2003).

Charakterystycznymi, lecz nie swoistymi objawami brucelozy u większości żywicieli zwierząt są poronienia lub przedwczesne porody oraz zatrzymane łożysko. Na niektórych obszarach aborcja jest stosunkowo rzadka. W niektórych częściach Afryki higiena i ropnie są głównymi objawami klinicznymi w stadach koczowniczych lub półkoczowniczych zakażonych *B. arbortus* biovar 3. Obserwuje się spadek produkcji mleka z powodu przedwczesnych porodów. Zakłócenia w płodności są zazwyczaj tymczasowe i większość zarażonych zwierząt poroniła tylko raz, a niektóre nie zostały dotknięte. Wymię jest często trwale zainfekowane, szczególnie w przypadku krów i kóz. Częste jest wydalanie organizmów w mleku. W przypadku *B. melitensis* i *B. ovis* lokalne zakażenia u owiec prowadzą do zapalenia orchitu lub najądrza. U kóz, bydła, trzody chlewnej i psów podobne powikłania mogą wystąpić odpowiednio po zakażeniu B. melitensis, *B. abortus, B. suis* i *B. canis*. *Zapalenie* stawów może być również rzadkim objawem u owiec i kóz *zakażonych B. melitensis*. U koni jedynym klinicznym objawem może być miejscowe tworzenie się ropni w kątnicach, a zakażenie u tego gatunku jest często bezobjawowe. Wielbłądy zakażone *B. melitensis* zrzucają organizmy do mleka i w niektórych krajach jest to poważny problem dla zdrowia publicznego. Objawy kliniczne brucelozy u wielbłądów wydają się być bardzo rzadkie. Nasilenie choroby zależy od wielu czynników, takich jak wcześniejsze szczepienia, wiek, płeć i sposób postępowania, takich jak wielkość i zagęszczenie stada. U nieszczepionych zwierząt częstsze są poronienia, a liczba wylanych organizmów jest znacznie większa. Bakterie znajdują się w tkankach i płynach związanych z ciążą, wymionach i węzłach chłonnych, które drenują odpowiednie obszary (Garin-Bastuji i in., 1998).

Większość zakażeń powstaje w wyniku spożycia bakterii pochodzących od chorych zwierząt lub skażonej paszy. Jednakże zakażenie może być również nabyte poprzez narażenie dróg oddechowych oraz poprzez zanieczyszczenie poronionej skóry.

i powierzchnie śluzowe. Naturalna hodowla przenosi zakażenia u świń i psów oraz, w mniejszym stopniu, owiec i kóz. Uporczywe bakterie są również bardziej powszechne u dwóch pierwszych gatunków. Bakterie te występują w czasie trwania zarażenia u innych gatunków, ale zazwyczaj mają charakter przerywany i krótkotrwały (Madkour, 2001).

Tak więc, możemy podsumować kluczowe punkty brucelozy u zwierząt, jak poniżej:

- Bruceloza zaraża wiele gatunków, zwłaszcza bydło, owce, kozy, świnie.
- Różne rodzaje brucelozy zarażają w sposób uprzywilejowany różne gatunki.
- Bruceloza objawia się zazwyczaj jako poronienie u zwierząt.
- Diagnoza może być potwierdzona jedynie w testach laboratoryjnych.

Tabela 1: Żywiciele zwierząt dotknięci przez gatunki *Brucella*.

Gospodarz	*B. porwania*	*B. melitensis*	*B. suis*	*B. canis*	*B. ovis*
Bydło	+	+	+ (rzadki)	-	-
Bawoły	+	+	-	-	-
Bison	+	-	-	-	-
Owce	+ (rzadki)	+	+ (możliwe)	-	+
Koziołki	+ (rzadki)	+	-	-	-
Świnia	+ (rzadki)	+ (rzadki)	+	-	-
Psy	+	+	+ (rzadki)	+	-
Wielbłądy	+ (rzadki)	+	-	-	-
Horse	+	+ (rzadki)	+ (rzadki)	-	-
Gryzonie	+ (rzadki)	+ (rzadki)	+ (biowar 5)	-	-

Epidemiologia:
Zbiorniki *Brucelli:*

Bruceloza jest jedną z ważnych chorób odzwierzęcych, więc potencjalnym źródłem zakażenia są zakażone zwierzęta, a kluczowymi gatunkami są zwierzęta będące głównymi producentami żywności, w tym bydło, owce, kozy, świnie. Zalicza się do nich również żubry, bawoły, wielbłądy, psy, konie, renifery i jaki, ale o mniejszym znaczeniu, podczas gdy w niektórych regionach mogą one być bardzo znaczącymi lokalnymi źródłami zakażenia. Ostatnio stwierdzono również występowanie brucelozy u ssaków morskich, w tym delfinów, morświnów i fok, co może stanowić nowe zagrożenie dla osób zawodowo narażonych na kontakt z zakażonymi tkankami (Światowa Organizacja Zdrowia Zwierząt, 2005 r.).

Nasilenie brucelozy jest w znacznym stopniu oczekiwane w zależności od gatunku *Brucella, na* który narażony jest osobnik. Ten gatunek Brucelli jest zróżnicowany w zależności od gatunku żywiciela zwierzęcego, który był źródłem zakażenia, jak poniżej:

- ***B. melitensis*** jest typem najczęściej zgłaszanym jako przyczyna choroby ludzkiej i najczęściej izolowanym od przypadków. Jest to typ najbardziej zjadliwy i związany z ciężką, ostrą chorobą. W kilku krajach jest ona notowana jako endemiczna i stanowi nieproporcjonalnie dużą ilość brucelozy u ludzi. Organizm ten jest zwykle związany z zakażeniem owiec i kóz, ale inne gatunki, w tym psy, bydło i wielbłądy, mogą być zakażone. W niektórych krajach, w szczególności na Bliskim Wschodzie, zakażenie *B. melitensis u* bydła stało się ważnym problemem. W przeciwieństwie do niektórych tradycyjnych poglądów, *B. melitensis* pozostaje w pełni zjadliwa dla człowieka po zarażeniu bydła. Zakażenie bydła stanowi szczególnie poważny problem ze względu na dużą ilość zakażonego mleka, które może być wyprodukowane przez pojedyncze zwierzę oraz ze względu na rozległe skażenie środowiska, które może wytworzyć nawet pojedyncze poronienia lub zakażone porody.

- ***B. Poronienia*** są najbardziej rozpowszechnioną przyczyną infekcji, ale związane są ze znacznie mniejszą ilością chorób ludzkich.

Zakażenie u człowieka jest często podkliniczne i w przypadku, gdy choroba występuje, jest zazwyczaj mniej poważna niż ta wywołana przez *B. melitensis* lub *B.suis*. Bydło jest zdecydowanie najczęstszym źródłem *poronień wywoływanych przez B. abortus*, ale na niektórych obszarach ważne są bizony, bawoły, wielbłądy, psy i jaki.

- ***B. suis*** ma znacznie bardziej ograniczone występowanie niż *B. melitensis* i *B. abortus*. Jest ona lokalnie ważna jako źródło infekcji u ludzi, która może być równie ciężka jak ta wytwarzana przez B. *melitensis*. Źródła i wirulencja organizmu różnią się w zależności od jego biotypu (podtyp określony w badaniach laboratoryjnych). Biowary 1, 2 i 3 są związane ze świniami, a także, w przypadku biowaru 2, z zającami. Ten wariant ma niską patogenność dla ludzi, ale biotypy 1 i 3 są wysoce zjadliwe i mogą powodować poważne choroby. Biowar 4 jest związany z zakażeniami karibu i reniferów na Alasce, w Kanadzie i północnej Rosji. Jest rzadko zgłaszany jako przyczyna chorób u ludzi. Naturalnie nabyte przypadki zakażenia biowarem 5 u ludzi nie były zgłaszane.

- ***B. canis*** jest szeroko rozpowszechnionym zakażeniem psów w wielu krajach. Rzadko wiąże się z chorobami ludzkimi. Zgłoszone przypadki były zazwyczaj łagodne.

- Zakażenie *brucelozy* występuje u wielu gatunków dzikich zwierząt, ale rzadko jest związane ze źródłami choroby ludzkiej (Young, 1990).

Brucella może przetrwać w wodach gruntowych. Dalsze potwierdzenie przeżywalności/przetrwania *Brucelli* w przyrodzie zapewniają badania wykazujące transstadialne lub etapowe (przejście z larwy do nimfy do osoby dorosłej) i transowarialne (przejście przez jaja od rodzica do potomstwa) zakażenie *B. melitensis* u kleszczy (Burgdorfer i Varma, 1967), chociaż zgłaszana rola stawonogów w epidemiologii brucelozy ludzkiej może być niewielka (Acha i Szyfrer, 2001).

Lądowe zwierzęta domowe, takie jak bydło, małe przeżuwacze,

wielbłądy itp. mogą służyć jako zbiorniki wodne *Brucelli, podczas* gdy zwierzęta lądowe i morskie w naturze również mogą odgrywać pewną rolę. Bruceloza jest przede wszystkim chorobą zwierząt, w której człowiek jest przypadkowym gospodarzem (AAP, 2003). Kontakt ze zwierzętami nadal pozostaje dominującym sposobem przenoszenia choroby w populacjach wiejskich i koczowniczych, uprawiających tradycyjną hodowlę (Seimenis *i in.*, 2006).

Niedawna izolacja charakterystycznych szczepów *Brucelli* od ssaków morskich (Ross *i in.*, 1996) oraz ludzi rozszerzyła zakres ekologiczny ludzkiej brucelozy. Ponieważ mogą pojawić się nowe szczepy, a istniejące typy przystosowują się do zmieniających się praktyk społecznych i rolniczych, obraz pozostaje niepełny (Brew *i in.*, 1999; Sohn *i in.*, 2003 oraz McDonald *i in.*, 2006).

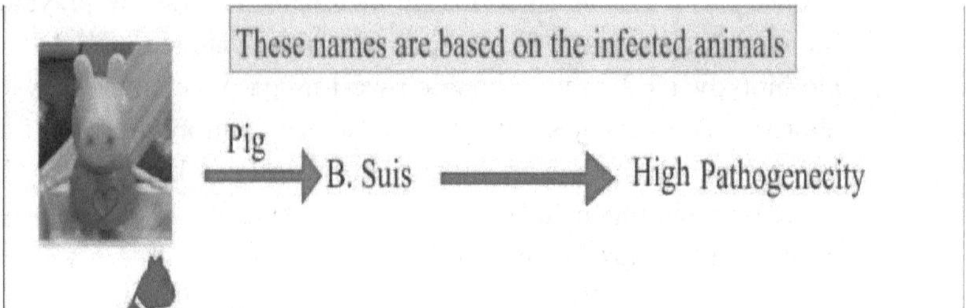

Tryb transmisji Brucella:

A. Dla ludzi:

Możliwe sposoby nabycia brucelozy obejmują: przenoszenie się choroby z człowieka na człowieka, zakażenie ze skażonego środowiska, narażenie zawodowe wynikające zazwyczaj z bezpośredniego kontaktu z zakażonymi zwierzętami oraz przenoszenie się choroby drogą pokarmową.

Przekazywanie między osobami

To jest niezwykle rzadkie. Okazjonalnie zgłaszane są przypadki, w których poszlaki sugerują bliski kontakt osobisty lub seksualny jako drogę transmisji. Bardziej potencjalne znaczenie ma transmisja poprzez oddanie krwi lub przeszczep tkanek. Szczególnie przenoszenie szpiku kostnego niesie ze sobą znaczne ryzyko. Zaleca się, aby dawcy krwi i tkanek byli poddawani badaniom przesiewowym w celu wykrycia brucelozy, a reaktory, u których w ostatnim czasie wystąpiło zakażenie, były wykluczone. Przenoszenie na osoby obsługujące pacjentów z brucelozą jest najbardziej nieprawdopodobne, ale należy podjąć podstawowe środki ostrożności. Pracownicy laboratoriów przetwarzający próbki od pacjentów są znacznie bardziej narażeni na ryzyko.

Infekcja z zanieczyszczonego środowiska

Jest to trudne do udokumentowania, ale prawdopodobnie występuje częściej niż jest rozpoznawany. Zakażone zwierzęta przechodzące przez tereny zaludnione lub trzymane w pobliżu pomieszczeń mogą powodować poważne skażenie ulic, placów i targowisk, w szczególności w przypadku poronień. Wdychanie brucelozy może wówczas wynikać z narażenia na zanieczyszczony pył, wyschnięty gnój itp. Zakażenie kontaktowe może również wynikać z zanieczyszczenia skóry lub spojówek z zabrudzonych powierzchni. Źródła wody, takie jak studnie, mogą być również zanieczyszczone przez niedawno poronione zwierzęta lub przez spływ wody deszczowej z zanieczyszczonych obszarów. *Brucella* spp. może przetrwać przez długi czas w kurzu, oborniku, wodzie, gnojowicy, poronionych płodach, glebie, mięsie i produktach mlecznych. Dokładny czas przeżycia zależy od wielu zmiennych, takich jak rodzaj podłoża, liczba organizmów, temperatura, pH, światło słoneczne, obecność innych zanieczyszczeń mikrobiologicznych.

Ekspozycja zawodowa

Niektóre zawody wiążą się z wysokim ryzykiem zakażenia brucelozą. Należą do nich osoby pracujące ze zwierzętami gospodarskimi, zwłaszcza z bydłem, owcami, kozami i świniami: rolnicy, robotnicy rolni, osoby obsługujące zwierzęta, hodowcy, pasterze, strzyżący owce, bogowie, hodowcy świń, lekarze weterynarii i inseminatorzy są narażeni na ryzyko w wyniku bezpośredniego kontaktu z zakażonymi zwierzętami lub w wyniku narażenia na silnie zanieczyszczone środowisko. Do zakażenia może dojść przez wdychanie, zakażenie spojówkowe, przypadkowe połknięcie, skażenie skóry, zwłaszcza przez skaleczenia lub otarcia oraz przypadkowe samokontrola przy użyciu żywych szczepionek.

Rodziny rolników i hodowców zwierząt mogą być również narażone na ryzyko, ponieważ narażenie w domu może być nierozłącznie związane z narażeniem zawodowym, gdy zwierzęta są trzymane w pobliżu pomieszczeń mieszkalnych. W niektórych obszarach zwierzęta trzymane są w podwórzach domów, a nawet mogą być wprowadzane do pomieszczeń, w szczególności przy trudnych warunkach pogodowych. W przypadku niedawno poronionych zwierząt spowodowało to zakażenie całych gospodarstw domowych. Stosowanie suchego obornika jako paliwa może również sprowadzać infekcje do gospodarstw domowych. Należy zauważyć, że bruceloza często występuje jako skupiska przypadków w rodzinie lub grupie plemiennej, zwykle związane ze wspólnym źródłem zakażonej żywności, i często następuje po wybuchu epidemii u zwierząt. Dzieci mogą być szczególnie narażone na ryzyko, ponieważ mogą adoptować nowo narodzone lub chore zwierzęta jako zwierzęta domowe. Na niektórych obszarach mogą one być jedyną grupą wykazującą ostre objawy, ponieważ starsi członkowie społeczności są prawdopodobnie uodpornieni lub chronicznie zakażeni. Osoby biorące udział w przetwarzaniu produktów zwierzęcych mogą być w wysokim stopniu narażone na kontakt z brucelozą. Należą do nich ubojnie, rzeźnicy, zakłady pakujące mięso, odbiorcy płodowej surowicy cielęcej, przetwórcy skór, skórek i wełny, rzeźnicy i pracownicy przemysłu mleczarskiego. Bezpośrednie i środowiskowe skażenie może stanowić zagrożenie poprzez wdychanie, spożycie, skażenie śluzówką oraz kontakt ze skórą lub penetrację. Personel zatrudniony przy utrzymaniu pomieszczeń gospodarskich, fabryk lub zakładów wykorzystywanych do przetwarzania produktów zwierzęcych jest często pomijany jako grupa zawodowo narażona, ale może być narażony na znaczne ryzyko skażenia środowiska.

Personel laboratoryjny zajmujący się uprawą *Brucelli, jest narażony na wysokie ryzyko.* W niektórych krajach, w których bruceloza nie jest już endemiczna, to potencjalne zagrożenie może zostać pominięte lub uznane za nieistotne. Niemniej jednak, wykonywanie procedur diagnostycznych u pacjentów z niespodziewaną, importowaną chorobą może prowadzić do hodowli organizmów, które nie zostaną prawidłowo zidentyfikowane, dopóki zakażenie nabyte w laboratorium nie zwiększy poziomu podejrzeń. Zastosowanie galeryjnych systemów szybkiej identyfikacji spowodowało, że szczepy *Brucella zostały* błędnie zidentyfikowane jako *Moraxella* spp, co miało poważne konsekwencje dla personelu. Największym zagrożeniem jest wdychanie aerozoli powstających w wyniku manipulowania hodowlą, zwłaszcza jeśli podczas takich procesów jak wirowanie dojdzie do rozbicia pojemników. Tak więc zakażenie ludzi jest możliwe również poprzez wdychanie zanieczyszczonych aerozoli (Cutler *i in.*, 2005; Heymann, 2005 oraz Seleem *i in.*, 2009). Również wdychanie cząsteczek, przypadkowe zaszczepienie i spożycie lub bezpośredni kontakt mogą być odpowiedzialne za potencjalne zagrożenie *Brucelli* dla personelu laboratoryjnego (Charissis i Vassalos, 2009).

Odnotowano szereg przypadków laboratoryjnych zakażeń nabytych (Olle-Goig i Canela-Soler, 1987; Ruben *i in., 1991* Martin- Staszkiewicz *i in.*, 1991; Mazuelos *i in.*, 1994 i Sewell, 1995). Zakażenia laboratoryjne stanowią 2% zgłoszonych przypadków brucelozy (Pike, 1978; Fleming *et al.*, 1995 i Collins, 1998), wykazując wysokie ryzyko nabycia zakażenia *Brucella* w laboratoriach mikrobiologii klinicznej, gdzie te wysoce zakaźne bakterie są leczone. Tempo ataku w przypadkach przypadkowej ekspozycji laboratoryjnej waha się od 30 do 100%, w zależności od lokalizacji pracowników i ilości bakterii (Miller *et al.*, 1987; Al-Aska i Chagla, 1989; Gruner *et al.*, 1994; Grammont-Cupillard *et al.*, 1996 oraz Zervos i Bostic, 1997).

Najczęściej zgłaszane na całym świecie zakażenia związane z laboratoriami zostały przedstawione w tabeli 2. Bruceloza nadal jest najczęściej zgłaszaną laboratoryjną infekcją bakteryjną (Yagupsky *i in.*, 2000 oraz Robichaud *i in.*, 2004). W Stanach Zjednoczonych zakażenie *brucelozą* jest jedną z najczęstszych infekcji wywoływanych przez laboratoria, odpowiadającą za 24% infekcji bakteryjnych wywoływanych przez laboratoria i 11% zgonów z powodu infekcji laboratoryjnych (Harding i Byers, 2000).

Bakterie *Brucella* wydawały się być bardzo interesujące, ponieważ mogą być łatwo przenoszone przez aerozole na ludzi. Uważa się, że organizm ten ma niską dawkę zakaźną u ludzi wynoszącą tylko 10 bakterii, a u 50 do 80% narażonych osób dojdzie do rozwoju choroby klinicznej (Al-Dahouk i Neubauer, 2008).

Tabela 2 : Najczęściej zgłaszane infekcje związane z laboratoriami na całym świecie (Singh, 2009).

Choroba	Liczba przypadków	Liczba zgonów
Bruceloza	426	5
Gorączka Q	280	1
Zapalenie wątroby	268	3
Tyfus brzuszny	258	20
Tularemia	225	2
Gruźlica	194	4
Dermatomikoza	162	0
Wenezuelskie końskie zapalenie mózgu	146	1
Psittacosis	116	10
Kokcydioidomikoza	93	2

Przygotowanie i stosowanie żywych szczepionek jest również niebezpieczne, ponieważ szczepy takie jak *B. abortus* S19 i *B. melitensis* Rev 1 nie są całkowicie awokularne dla ludzi. Szczepionka surowa *B. abortus* RB 51 wydaje się być niska.

patogenność, ale nadal stanowi potencjalne zagrożenie w wyniku przypadkowego wstrzyknięcia i jest odporny na ryfampicynę. W miarę możliwości należy również unikać stosowania szczepów wirulencyjnych do przygotowania antygenów diagnostycznych.

Podsumowując, zawodowe źródło narażenia predysponuje rolników, pasterzy, rzeźników, pracowników laboratoriów, weterynarzy i pracowników rzeźni do większego ryzyka zarażenia się chorobą poprzez wdychanie skażonych aerozoli, kontakt z błoną śluzową spojówek lub przedostanie się bakterii poprzez nacięcia i otarcia skóry w wyniku kontaktu z zakażonymi zwierzętami lub ich produktami (Cutler *i in.*, 2005 i CDC, 2007).

Przenoszenie na żywność

Źródła narażenia niezwiązanego z pracą zawodową obejmują spożycie zakażonego mięsa, niepasteryzowanego mleka i produktów mlecznych. Jest to zazwyczaj główne źródło brucelozy w populacjach miejskich. Spożycie świeżego mleka lub przetworów mlecznych przygotowanych z mleka niepasteryzowanego jest głównym źródłem zakażenia dla większości populacji. Mleko krowie, owcze, kozie lub wielbłądzie zanieczyszczone *B. melitensis* jest szczególnie niebezpieczne, ponieważ jest pite w dość dużych ilościach i może zawierać duże ilości organizmów. Masło, śmietana lub lody przygotowane z takiego mleka również stanowią duże zagrożenie. Sery miękkie przygotowywane z mleka owczego lub koziego z dodatkiem podpuszczki są szczególnie częstym źródłem zakażenia w krajach śródziemnomorskich i bliskowschodnich. W procesie wytwarzania serów mogą faktycznie skupiać się organizmy *Brucelli*, które w tego typu produktach mogą przetrwać nawet do kilku miesięcy. Takie sery powinny być przechowywane w warunkach chłodniczych przez co najmniej sześć miesięcy przed spożyciem. Sery twarde przygotowywane w procesie fermentacji mlekowej i propionowej stanowią znacznie mniejsze zagrożenie. Podobnie mniejsze zagrożenie stwarzają jogurt i kwaśne mleko. *Brucella* obumiera dość szybko, gdy jej kwasowość spada poniżej pH 4, a bardzo szybko poniżej pH 3,5. Sprzęt używany do transportu lub przetwarzania zakażonego mleka lub innych surowców może zanieczyszczać niezakażone produkty, chyba że przestrzega się dobrych praktyk higienicznych (Cutler *i in.*, 2005 i CDC, 2007).

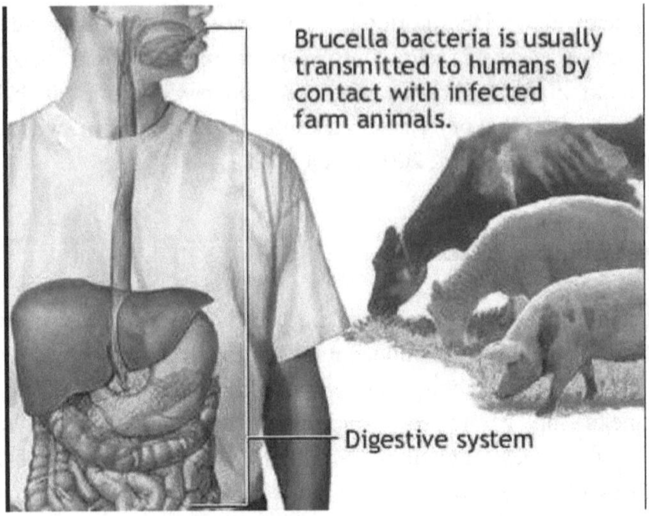

Z drugiej strony, produkty mięsne rzadziej wiążą się z zakażeniami, głównie dlatego, że nie są zwykle spożywane na surowo. Jest to jednak nieznana praktyka wśród rzeźników i pracowników ubojni. Tkanka mięśniowa zawiera zazwyczaj niskie stężenia organizmów *Brucella*, ale wątroba, nerki, śledziona, wymię i jądro mogą zawierać znacznie wyższe stężenia. W niektórych krajach potrawy przygotowane z tych organów mogą być spożywane na surowo lub niedogotowane. Świeża krew, sama lub zmieszana ze świeżym mlekiem, może być również pijana i stanowi oczywiste potencjalne zagrożenie.

W ostatnich latach nastąpiła jednak zmiana w kierunku brucelozy przenoszonej drogą pokarmową przez spożycie surowych produktów zwierzęcych w populacjach miejskich, praktykujących nowoczesną hodowlę zwierząt w osiedlonym środowisku (Corbel, 2006). Na przykład spożycie tradycyjnych przysmaków arabskich / afrykańskich, takich jak surowa wątroba, może powodować zakażenia u ludzi (Malik, 1997).

Jednym z głównych źródeł infekcji jest spożycie surowego mleka lub świeżego sera.

W wielu krajach konsumpcja "zdrowej żywności" stała się modna. Należą do nich często niepasteryzowane mleko lub produkty mleczne i mogą one stanowić szczególne zagrożenie. Często istnieje znaczny opór przed zaakceptowaniem, że takie "zdrowe" produkty mogą być niebezpieczne. Surowe warzywa mogą być zanieczyszczone przez zakażone zwierzęta i stanowić zagrożenie. Na obszarach endemicznych szczególnie zagrożeni mogą być turyści spożywający "etniczne" produkty żywnościowe. Osoby z achlorhydrią będącą wynikiem choroby lub spożycia środków zobojętniających lub antagonistów H2 mogą mieć zwiększone ryzyko zachorowania na brucelozę poprzez spożycie skażonej żywności. Osoby ze stanami niedoboru odporności wynikającymi z choroby lub leczenia środkami immunosupresyjnymi również mogą być narażone na zwiększone ryzyko wystąpienia poważnej brucelozy, chociaż jest to trudne do określenia ilościowego. W strefach endemicznych ogniska choroby pojawiają się, gdy nie są przestrzegane wytyczne dotyczące przetwarzania przetworów mlecznych, jak w przypadku bardzo niedawnego wystąpienia ogniska choroby zgłoszonego w Meksyku od marca 2009 r. z powodu spożycia świeżego sera. Na obszarach nieendemicznych ogniska mogą jednak wystąpić, gdy surowe przetwory mleczne są przywożone z obszaru endemicznego, natomiast przypadki zakażonych osób powracających z obszaru endemicznego są zgłaszane sporadycznie (Farina *i in.*, 2008).

Al-Eissa *i in.* (1990) zgłosili 102 przypadki dzieci z potwierdzoną brucelozą. Głównym źródłem zakażenia było spożycie surowego mleka w 80% przypadków, a *B. melitensis* wyizolowano z 75% przypadków.

Poza możliwością przeniesienia poprzez transfuzję krwi i przeszczepienie organu lub szpiku kostnego, bruceloza nie jest łatwo przenoszona między ludźmi. Odnotowano wrodzoną brucelozę, ale jest ona rzadka (Aleissa, 1990 i Khan *et al.*, 2001).

Ostatnio zidentyfikowano inne drogi przenoszenia zakażenia, takie jak: zakażenie przez mleko matki, posiadanie zakażonego członka gospodarstwa domowego (Almuneef *i in.*, 2004 i Sofian *i in.*, 2007), zakażenie drogą płciową oraz zakażenie nabyte przez położnika podczas porodu dziecka zakażonego przez łożysko (Akcakus i *in.*, 2005).

Al-Eissa (1990) opisał również przypadek prawdopodobnej brucelozy piersiowo-mlecznej u młodego dziecka. Al-Eissa i Al-Mofada (1992) opisał trzy przypadki, w których matki i ich noworodków wykazały chorobę i *B. melitensis* został wyizolowany z ich próbek krwi.

Badanie członków gospodarstwa domowego w przypadku indeksowym jest ważnym krokiem epidemiologicznym, ponieważ pozwala na wykrycie dodatkowych nierozpoznanych przypadków.

Muszą to wziąć pod uwagę klinicyści rodzinni opiekujący się tymi pacjentami, aby w odpowiednim czasie postawić diagnozę i zapewnić terapię, co doprowadzi do zmniejszenia zachorowalności (Almuneef *i in.*, 2004 oraz Mantur *i in.*, 2006).

Czynniki wpływające na brucelozę:

1. Czynniki sezonowe

W krajach o umiarkowanym lub zimnym klimacie istnieje znaczne zróżnicowanie sezonowe w częstości występowania ostrej brucelozy. Większość przypadków występuje w okresie wiosennym i letnim. Zbiega się to w czasie ze szczytowym okresem poronień i poronień wśród zwierząt gospodarskich, a tym samym z najwyższym poziomem narażenia osób uczęszczających na te zwierzęta i spożywających ich mleko. Efekt sezonowy jest bardziej widoczny w przypadku brucelozy owiec/kóz niż w przypadku brucelozy bydła. Może to wynikać z dłuższego okresu laktacji u bydła. Podczas gdy na obszarach tropikalnych i subtropikalnych, gdzie hodowla zwierząt trwa przez cały rok, nie występuje sezonowy wpływ na występowanie brucelozy (CDC, 2007).

2. Rozkład wieku i płci

W krajach uprzemysłowionych oraz w tych, w których higiena żywności zapobiega brucelozie przenoszonej przez żywność, choroba ta jest głównie zawodowa. Również większość przypadków występuje wśród mężczyzn, zwłaszcza w wieku od 20 do 45 lat. W takich sytuacjach choroba jest zwykle spowodowana przez *B. abortus* lub *B. suis*.

W krajach lub na obszarach, gdzie powszechne jest występowanie *B. melitensis*, praktyki stosowane przy wprowadzaniu do obrotu i dystrybucji produktów z mleka owczego i koziego, w szczególności, bardzo utrudniają egzekwowanie środków higienicznych. W tej sytuacji zagrożona jest cała populacja, a wiele przypadków występuje u kobiet i dzieci.

W społeczeństwach koczowniczych osoby dorosłe są często narażone na zakażenie we wczesnym wieku i nie przejawiają ostrej choroby, chociaż wiele z nich może mieć następstwa przewlekłego zakażenia. W takich warunkach dzieci stanowią wysoki odsetek przypadków ostrych, a bruceloza jest głównie problemem pediatrycznym (Al-Eissa *i in.*, 1990).

3. Bruceloza nabyta podczas podróży

Turyści lub osoby podróżujące służbowo do obszarów endemicznych mogą nabawić się brucelozy, zwykle poprzez spożycie niepasteryzowanego mleka lub innych produktów mlecznych.
Podróżni mogą również przywozić zakażone sery lub inne produkty mleczarskie do swoich krajów i w ten sposób zakażać swoje rodziny lub kontakty społeczne. Importowane przypadki stanowią obecnie większość

ostrych przypadków brucelozy obserwowanych w Ameryce Północnej i Europie Północnej (WHO, 2004).

4. Uzbrojenie *Brucelli* (bio-terroryzm)

B. *Melitensis* i *B.suis* zostały opracowane eksperymentalnie jako broń biologiczna przez programy sponsorowane przez państwo. Ich względna stabilność w postaci aerozolu w połączeniu z niską dawką zakaźną czyni je odpowiednimi środkami do tego celu. *Brucella* może być używana do atakowania populacji ludzkich i/lub zwierzęcych. Wpływ jest prawdopodobnie największy na tych obszarach, na których choroba nie jest endemiczna. Organizm może być pozyskiwany z naturalnych źródeł w wielu częściach świata. Władze sanitarne i weterynaryjne powinny być świadome tego potencjalnego źródła zakażenia (Pappas *i in.*, 2005a).

Poza podróżnymi, personel wojskowy jest narażony na kontakt z *Brucellą* podczas rozmieszczenia w krajach endemicznych. Nawet przy niskiej dawce infekcyjnej wynoszącej 10-100 mikroorganizmów, przenoszenie drogą powietrzną może sprzyjać stosowaniu *Brucelli* jako broni biologicznej (Charissis i Vassalos, 2009). *Brucella* jest uznawana za broń biologiczną w kategorii patogenu B (Pappas *i in.*, 2005a).

Został on wykorzystany w broni masowego rażenia w nowoczesnych wojnach przez decydentów wojskowych. Bruceloza należy do "brudnych tuzinów", chorób najprawdopodobniej wykorzystywanych przeciwko ludziom. Czynniki te mają następujące cechy: dostępność i łatwość produkcji, wysoki stopień ubezwłasnowolnienia lub śmiertelności, odpowiednia wielkość cząstek w aerozolu, stabilność i łatwość rozprzestrzeniania się oraz przenoszenie się z człowieka na człowieka, co jednak nie dotyczy *Brucelli* (Caudle, 1997; Eitzen i Takafuji, 1997 oraz Franz *i in.*, 1997).

Brucella była jednym z pierwszych środków wykorzystywanych w rozwoju broni biologicznej, w szczególności *B. suis*, który był uzbrojony w bomby wypełnione cząstkami, rzekomo przez USA i prawdopodobnie przez inne kraje ponad 50 lat temu (Christopher *i in.*, 2005). Atrakcyjność patogenu polega na jego znakomitej zdolności do przenoszenia się jako patogenu inhalacyjnego; w konsekwencji inhalacja będzie najbardziej prawdopodobną drogą zakażenia podczas ataku terrorystycznego. Organizm może rozprzestrzeniać się albo w postaci gnojowicy w bombach, albo w suchym aerozolu (Franz *i in.*, 1997).

Raporty dotyczące wskaźników zachorowań są różne, a śmiertelność z powodu tej choroby jest minimalna. Stosunkowo długi okres inkubacji (wahający się od 10 dni do 3 miesięcy) dodatkowo osłabia jej potencjał jako broni biologicznej do zaburzania struktur społecznych. Istnienie odpowiednich opcji antybiotykowych dodatkowo osłabia potencjał tego patogenu, chociaż nie można wykluczyć rozwoju opornych szczepów. Ponadto w sytuacji świadomego narażenia nie wyjaśniono kwestii stosowania profilaktycznego podawania antybiotyków i nie są dostępne powszechnie akceptowane szczepionki dla ludzi (Bossi *i in.*, 2004).

Ostatnim ważnym skutkiem brucelozy, jeśli jest stosowana jako broń biologiczna, jest wpływ na populację zwierząt na obszarze objętym pomocą, który może mieć istotne znaczenie dla ogólnej gospodarki regionu, jeśli w dużej mierze opiera się na hodowli zwierząt (Pappas *i in.*, 2006b).

Więc, można podsumować kolejne punkty... epidemiologia brucelozy u ludzi:

- Bydło, owce, kozy i świnie to główne zbiorniki *Brucelli.*
- Przenoszenie na ludzi następuje w wyniku zawodowego lub środowiskowego kontaktu z zakażonymi zwierzętami lub ich produktami.
- Przenoszenie drogą pokarmową jest głównym źródłem infekcji, przy czym sery wyprodukowane z mleka surowego i niepasteryzowanego stanowią wysokie ryzyko.
- Bruceloza może być chorobą związaną z podróżami.
- Przenoszenie krwi lub organów/tkanek jest możliwym źródłem infekcji.
- Transmisja między osobami jest niezwykle rzadka.

Epidemiologia brucelozy u zwierząt

Zależy to od dotkniętego gatunku żywiciela, jak poniżej:

W przypadku bydła: bruceloza jest zwykle spowodowana *poronieniami B. abortującymi*. Jednakże,

B. melitensis i rzadko *B. suis* może również osiedlać się u bydła z takim samym sposobem przenoszenia jak w przypadku *B. abortus*. Zakażenia te są szczególnie niebezpieczne dla ludzi z powodu wysokiej zjadliwości większości szczepów *B. melitensis* i B. *suis* oraz dużej ilości bakterii, które są wydalane przez te zwierzęta. U bydła i innych zwierząt z rodziny Bovidae, *Brucella* jest zazwyczaj przenoszona ze zwierzęcia na zwierzę poprzez kontakt po poronieniu. Pastwiska lub obory zwierzęce mogą być skażone, a organizmy te najprawdopodobniej najczęściej nabywa się poprzez spożycie, ale wdychanie, zaszczepienie spojówek, skażenie skóry i zaszczepienie wymion z zakażonych kubków udojowych to inne możliwości. Stosowanie zbiorczej siary do karmienia nowo narodzonych cieląt może również przenosić zakażenie.

Przenoszenie drogą płciową zazwyczaj odgrywa niewielką rolę w epidemiologii brucelozy bydła. Jednakże sztuczna inseminacja może przenosić chorobę, a nasienie może zostać pobrane jedynie od zwierząt uznanych za wolne od zakażenia.

W owcach i kozach: *B. melitensis* jest prawie zawsze gatunkiem zarażającym *B.ovis* może również zarażać owce, ale ma niewielkie znaczenie w odniesieniu do choroby ludzkiej. Sposób przenoszenia *B. melitensis* u owiec i kóz jest podobny do tego u bydła, ale przenoszenie płciowe prawdopodobnie odgrywa większą rolę. Przenoszenie choroby jest ułatwione poprzez łączenie stad i stad należących do różnych właścicieli oraz poprzez zakup zwierząt z nie przebadanych źródeł. Dzielenie się stadem hodowlanym z samcami sprzyja również przenoszeniu infekcji między gospodarstwami. W niektórych obszarach istotnym czynnikiem promującym jest sezonowy wypas letni, podobnie jak mieszanie zwierząt na targowiskach lub targach. W zimnym klimacie może być zwyczajem trzymanie zwierząt w zamkniętej przestrzeni, co również ułatwia przenoszenie infekcji.

U świń: bruceloza jest przenoszona przez bezpośredni kontakt z niedawno poronionymi maciorami, przez spożycie skażonej żywności lub narażenie na kontakt z zanieczyszczonym środowiskiem. Jednakże przenoszenie drogą płciową jest szczególnie ważne. Bruceloza może zostać wprowadzona do gospodarstw poprzez wspólne używanie knurów lub poprzez zakup zakażonych zwierząt.

Dla wszystkich gatunków transfer zarodków jest bezpieczny, pod warunkiem że przestrzegane są zalecane procedury.

B. canis może być poważnym problemem w hodowlach psów. Przenoszenie odbywa się poprzez kontakt z niedawno poronionymi zwierzętami lub z żywnością lub środowiskiem zanieczyszczonym przez poronienia lub wydaliny. Przenoszenie drogą płciową jest również ważnym sposobem rozprzestrzeniania się, a samce mogą w dużej ilości wydalać te organizmy z nasienia. Wydalanie z moczem również ma miejsce i stanowi potencjalne zagrożenie dla ludzi. Jednak w niektórych krajach, w których *B. canis* jest obecny w populacji psów, jawna choroba ludzka wywołana przez ten organizm wydaje się występować rzadko.

Należy o tym pamiętać:

1. Psy mogą nabyć zakażenie *B. abortus, B. melitensis* lub *B. suis* od poronionych przeżuwaczy lub świń, zwykle poprzez spożycie materiału płodowego lub łożyskowego. Mogą one wtedy wydalać te bakterie i mogą stanowić poważne zagrożenie dla ludzi i zwierząt gospodarskich.
2. *B. suis* biovar 4 powoduje brucelozę w karibu i reniferach. Epidemiologia jest podobna do tej, jaka występuje w przypadku brucelozy bydła. Przenoszenie się na ludzi może odbywać się zwykłymi drogami. Jednak spożycie surowego lub niedogotowanego szpiku kostnego renifera jest również źródłem infekcji u ludzi.

3. U bydła, owiec, kóz i świń podatność na brucelozę jest największa u dojrzałych płciowo zwierząt. Młode zwierzęta są często oporne na brucelozę, chociaż należy zauważyć, że mogą wystąpić utajone infekcje i

takie zwierzęta mogą stanowić zagrożenie w okresie dojrzałości.

4. Rasa może również wpływać na podatność, szczególnie u owiec. Rasy mleczne wydają się być najbardziej podatne na *B. melitensis.* Różnice rasowe w podatności nie zostały jasno udokumentowane u bydła, chociaż wykazano genetycznie uwarunkowane różnice w podatności poszczególnych zwierząt.

5. Wykazano, że polimorfizm genu białka monocytowego związanego z naturalną odpornością (NRAMP) ma istotny wpływ na podatność na brucelozę u bydła i świń. Znacznie większe znaczenie dla określenia ryzyka zakażenia mają jednak metody postępowania. Utajone lub niewidoczne zakażenia mogą występować u wszystkich gatunków zwierząt gospodarskich. Wynikają one zazwyczaj z zakażenia utero lub we wczesnym okresie poporodowym. Zwierzęta takie mogą zachować zakażenie przez całe życie i mogą pozostać serologicznie ujemne do momentu pierwszego poronienia lub porodu. Szacuje się, że zakażenie ukryte występuje u potomstwa około 5% zakażonych krów. Rozległość problemu u innych gatunków nie jest znana, ale u owiec udokumentowano występowanie utajonego zakażenia.

6. Nabyta odporność ma istotny wpływ na podatność. Szczepienie bydła szczepem *B. abortus* szczep 19 lub RB 51, lub owiec i kóz szczepem *B. melitensis* Rev 1 może zmniejszyć podatność tysiącznie lub więcej gatunków homologicznych. *B. abortus szczep* 19 nie chroni bydła przed *B. melitensis*. Jednakże, niewiele jest informacji na temat stosowania szczepionki Rev 1 u bydła. Skuteczność tej szczepionki przeciwko szczepom B. *melitensis* występującym na niektórych obszarach została również zakwestionowana. Szczepionki muszą być pozyskane z wiarygodnego, zatwierdzonego na szczeblu międzynarodowym źródła. Możliwe jest, że istnieją szczepy *B. melitensis*, które mogą omijać odporność wywołaną przez tę szczepionkę. Jednakże jest co najmniej tak samo prawdopodobne, że różnice w jakości szczepionki wpłynęły na poziom ochrony. W chwili obecnej szczepionka Rev 1 jest najskuteczniejszą dostępną szczepionką przeciwko *B. melitensis* i w wielu krajach dała bardzo dobre wyniki. Jej stosowanie jest zalecane w przypadku występowania niekontrolowanego zakażenia *B. melitensis* w populacji przeżuwaczy.

Sowecan-konkretne punkty na stronie . epidemiologia brucelozy u zwierząt:

- *B. abortus* powoduje większość brucelozy u bydła, ale *B. melitensis* i *B. suis*

może również spowodować zakażenie bydła.

- *B. melitensis* jest główną przyczyną brucelozy u owiec i kóz, a *B. suis* u świń.
- Przenoszenie odbywa się poprzez bezpośredni kontakt i zanieczyszczenie środowiska po aborcji.
- Ważna jest również transmisja seksualna i/lub sztuczna inseminacja.
- Mogą wystąpić seronegatywne infekcje utajone.

Światowa zachorowalność na brucelozę:

Bruceloza występuje na całym świecie, dotykając ludzi i zwierzęta zarówno w krajach rozwiniętych, jak i rozwijających się. Obciążenie chorobą jest głębsze w krajach rozwijających się z powodu braku skutecznych środków ochrony zdrowia publicznego, krajowych programów ochrony zdrowia zwierząt i odpowiednich urządzeń diagnostycznych. Sytuację pogarsza podobieństwo choroby do innych chorób, co prowadzi do błędnych diagnoz i zaniżenia sprawozdawczości na temat choroby (Thakur *et al.*, 2002). Odrodziło się zainteresowanie brucelozą w krajach rozwiniętych, ze względu na rosnące zjawisko turystyki międzynarodowej, prowadzące do importu tej choroby (Sauret i Vilissova, 2002 i Izadjoo *i in.*, 2004).

Rysunek (1) przedstawia częstość występowania brucelozy u ludzi na całym świecie. W tabeli (3) przedstawiono wykaz państw, w których od 2000 r. odnotowuje się roczną zapadalność na brucelozę ludzką. Basen Morza Śródziemnego, Ameryka Południowa i Środkowa, Europa Wschodnia, Azja, Afryka, Karaiby i Bliski Wschód uważane są za kraje wysokiego ryzyka (Maurin, 2005).

Roczne wskaźniki zachorowalności wahają się od 0,3 przypadków na milion w Zjednoczonym Królestwie i w większości części Stanów Zjednoczonych do ponad 1 przypadku na 1000 w regionach endemicznych, gdzie choroba ta stanowi znaczne i rosnące obciążenie dla zdrowia (Pappas *i in.*, 2006b). Każdego roku w Stanach Zjednoczonych odnotowuje się od 100 do 200 przypadków brucelozy (CDC, 2007).

We wschodnim regionie Morza Śródziemnego częstość występowania choroby wynosi od 1 na 100 000 do 20 na 100 000 mieszkańców. Jednakże rzeczywista liczba jest uważana za 20 do 25 razy większą od oficjalnych danych (WHO, 2002). Wydaje się, że sytuacja na Półwyspie Arabskim nie uległa zmianie. W Afryce Północnej odnotowano wzrost zachorowalności, natomiast w Egipcie po raz pierwszy odnotowano hiperendemiczne mikrofiskaty brucelozy (Jennings *i in.*, 2007).

Kraje o największej zapadalności na brucelozę ludzką to Arabia Saudyjska, Iran, Autonomia Palestyńska, Syria, Jordania i Oman. W Bahrajnie odnotowuje się zerową zachorowalność (Refai, 2002).

Zgodnie z raportami WHO w 2003 r. bruceloza występowała częściej w Syrii (23 297 przypadków), Iranie (17 765 przypadków) i Turcji (14 435 przypadków) (Pappas *i in.*, 2005a). Krajowa seroprewalencja brucelozy w Arabii Saudyjskiej wynosi 15% (Memish, 2001). 27,65% przypadków brucelozy w ogólnej populacji Peszawaru, Pakistan (Ali *i in.*, 2007).

W 2012 r. Ebrahimpour i inni zgłosili, że roczne wskaźniki zachorowalności na milion mieszkańców. W niektórych regionach endemicznych wskaźnik występowania brucelozy przedstawia się następująco: Arabia Saudyjska (214,4), Iran (238,6), Turcja (262,2), Irak (278,4), a na pewno maksymalna zachorowalność na świecie została odnotowana w Syrii (1603,4).

Elbeltagy (2001) uznał, że różnice w częstości występowania brucelozy w poszczególnych porach roku są tak duże, że pora deszczowa na danym obszarze skutkowałaby zwiększonym wzrostem trawy, a tym samym napływem pasterzy i stad.

Większość przypadków ludzkich jest spowodowanych przez *B. melitensis* (Refai, 2002). Owce i kozy oraz ich produkty pozostają głównym źródłem zakażenia, ale *B. melitensis* u bydła stało się ważnym problemem w niektórych krajach Europy Południowej, w Kuwejcie i Arabii Saudyjskiej (Merino *i in.*, 1989).

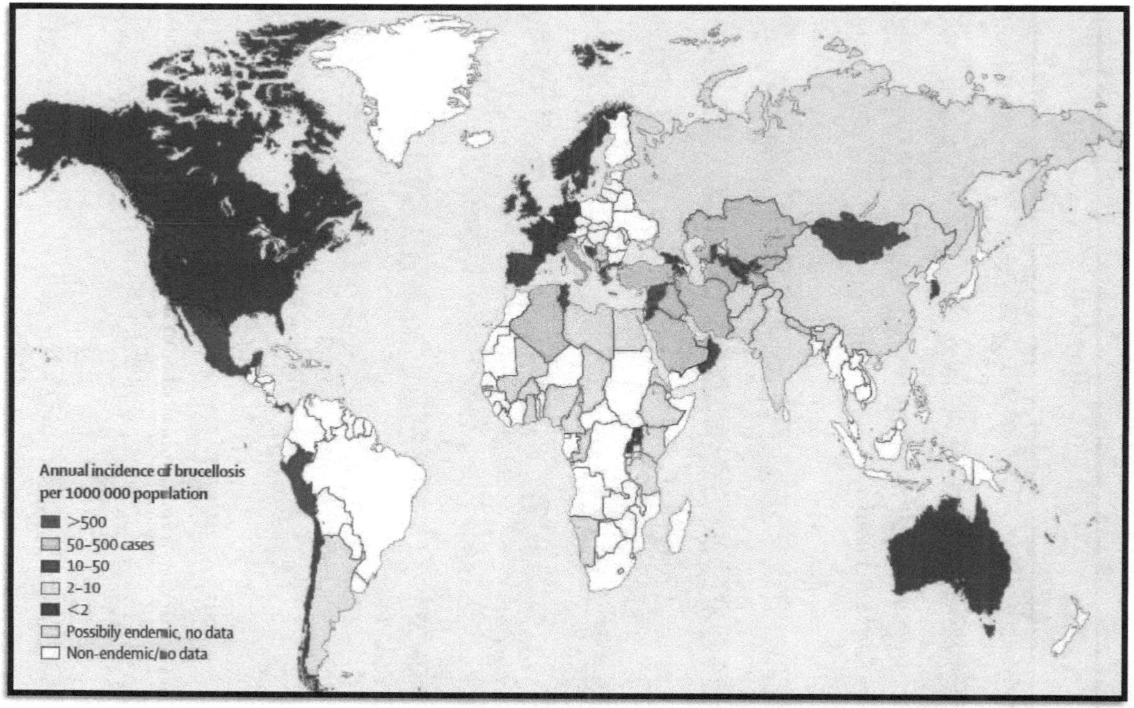

Rysunek (1): Częstość występowania brucelozy u ludzi na świecie (Pappas *i in.*,

Tabela (3): Lista krajów z roczną zapadalnością (przypadki / mln mieszkańców) na brucelozę ludzką od 2000 r. (Pappas *i in.*, 2006b).

Kraj	Incydent
Europa	
Albania	63·6
Bośnia i Hercegowina	20·8
Dania	0·7
Francja	0·5
Była Jugosłowiańska Republika Macedonii Macedonii	148
Gruzja	27·6
Niemcy	0·3
Grecja	20·9
Irlandia	1·3
Włochy	9
Holandia	0·5
Norwegia	0·7
Portugalia	13·9
Rosja	4·1
Serbia i Czarnogóra	8·4
Hiszpania	15·1
Szwecja	0·3
Szwajcaria	1·5
WIELKA BRYTANIA	0·3
Afryka	
Algieria	84·3
Kamerun	Endemiczne, brak szczegółowych danych
Egipt	2·95
Erytrea	5·48
Etiopia	Endemiczne, brak szczegółowych danych
Mali	2
Namibia	4·9
Tunezja	35·4
Uganda	0·9
Ameryka Północna	
Kanada	0·09
USA	0·4

Meksyk	28·7
Ameryka Środkowa i Południowa (ciąg dalszy)	
Argentyna	8·4
Chile	0·6
Kolumbia	1·85
Gwatemala	15·7
Panama	10·1
Peru	34·9
Azja	
Afganistan	3·8
Armenia	31·3
Azerbejdżan	52·6
Chiny	8
Indie	Brak dostępnych danych, prawdopodobnie endemicznych
Irak	278·4
Iran	238·6
Jordania	23·4
Kazachstan	115·8
Korea Południowa	1
Kuwejt	33·9
Kirgizja	362·2
Liban	49·5
Mongolia	605·9
Oman	35·6
Pakistan	Brak dostępnych danych, prawdopodobnie endemicznych
Arabia Saudyjska	214·4
Syria	1603·4
Tadżykistan	211·9
Turcja	262·2
Turkmenistan	51·5
Zjednoczone Emiraty Arabskie	41
Uzbekistan	18
Oceania	
Australia	0·9

Charakterystyka gatunku *Brucella:*

Gatunki *Brucella* to fakultatywne wewnątrzkomórkowe, gram-ujemne cocco-bacilli, niemotylkowe, nieodporne i niekapsułkowane (Fretin *i in.*, 2005). Istnieje kilka różnych gatunków *Brucelli*, każdy z nich ma nieco inną specyfikę żywiciela (Meyer, 1990). *B. melitensis*, który występuje głównie u kóz, owiec i wielbłądów oraz *B. abortus*, który występuje głównie u bydła, są główną przyczyną brucelozy u ludzi (Plommet, 1998), jednak *B. melitensis* jest najbardziej inwazyjny i powoduje najcięższą chorobę (Aleissa, 1999).

Są one pozytywne w kilku oksydacyjnych testach metabolicznych. Mogą rosnąć na wielu różnych podłożach hodowlanych, a kolonie zazwyczaj pojawiają się po 24- 48-godzinnej inkubacji (Alton *i in.*, 1988 i Corbel, 1997).

Gatunek *Brucella* należy do podrejonu alfa-2 Proteobacteria (Yanagi i Yamasato, 1993).

Do chwili obecnej rozpoznano sześć lądowych i trzy morskie gatunki *Brucelli*: *B. melitensis* (preferowanymi żywicielami są kozy, owce, wielbłądy), B. *abortus* (bydło, bawoły), B. *suis* (świnie i szereg dzikich zwierząt), *B. canis* (psy), *B. ovis* (owce), *B. neotomae* (szczury pustynne i drzewne) oraz B. *delfin*, *B. pinnipediae* i *B. walenie* (ssaki morskie, np. foki, wieloryby, delfiny). Pierwsze cztery gatunki mogą zarażać ludzi, przy czym *B. melitensis*, *B. abortus* i *B. suis* powodują najwięcej chorób u ludzi i zwierząt (Foster i *in.*, 2007 i Whatmore, 2009).

Analiza sekwencji bazowych nukleotydów rRNA ujawnia, że *Brucella* jest ściśle powiązana z *Bartonellą* w klasie *Alphaproteobacteria*. Chociaż choroby *wywołane przez Brucella* u ludzi zostały przypisane do czterech gatunków, analiza rRNA ujawniła istnienie tylko jednego prawdziwego gatunku: *Brucella melitensis*; pozostałe warianty to szczepy tego jednego gatunku (Bauman, 2007).

Patogeneza i odpowiedź immunologiczna:

Wewnątrzkomórkowe przetrwanie *Brucelli:*

Brucella jest fakultatywną wewnątrzkomórkową bakterią, która może zostać odseparowana w obrębie endoplazmatycznej siateczki komórek i w ten sposób uniknąć fuzji lizosomów. Aby być skutecznym środkiem zakaźnym, *Brucella* wymaga czterech kroków: przylegania, inwazji, osiedlania się i rozprzestrzeniania w obrębie żywiciela. W makrofagach, komórki *Brucelli* przeżywają i namnażają się, hamując fuzję fagosomowo-liozozomową. W końcu, nagromadzone bakterie rozprzestrzeniają się na inne komórki gospodarza (Ko i Splitter, 2003). Kontroluj±c dojrzewanie brucelozy (*zawieraj±cej Brucellę wakuolę*) na pocz±tku infekcji, nieopsonizowana *Brucella* może wnikać, przeżywać i replikować się w różnych komórkach jako komórki dendrytyczne i makrofagi, aby unikn±ć wrodzonej odpowiedzi immunologicznej gospodarza przed aktywacj± mechanizmów antybrucelozyjnych przez odporność adaptacyjn± (Ko i Splitter, 2003 i Pappas *et al.* , 2005b). Ponadto, *Brucella* może pasożytować w ludzkich komórkach prezentujących antygen, modyfikując fagocytozę, fuzję fagolizosomów, prezentację antygenu, wydzielanie cytokin i apoptozę. Obalenie wrodzonych mechanizmów odpornościowych przez *Brucellę prowadzi* do wadliwej odpowiedzi immunologicznej Th1 i anergii komórek T u chorych na przewlekłą brucelozę (Skendros *i in.*, 2011).

Zjadliwość i patogeneza zakażenia *Brucelli* oraz unikanie przez bakterie układu odpornościowego pozostają do wyjaśnienia i rozwiązania (Gorvel, 2008).

Rola czynników wirulencji:

Zjadliwość w *Brucelli* należy zasadniczo uznać za ewolucyjne dostosowanie do wewnątrzkomórkowego stylu życia, ponieważ nie zidentyfikowano klasycznych czynników zjadliwości (tj. endotoksyn, fimbrii i flagelli, plazmidów), czynników wywołujących apoptozę, wysp patogennych oraz kompletnych systemów wydzielania typu I, II i III (Pappas *i in.* , 2005a).

Okres inkubacji jest zmienny, ale zazwyczaj wynosi 1-4 tygodnie. Jego przetrwanie wewnątrzkomórkowe w obrębie polimorfonuklearnych i mononuklearnych fagocytów, uciekająca fuzja fagosomowo-lizosomowa i odpowiedź immunologiczna jest ułatwiona przez czynniki takie jak zdolność do produkcji ureazy, która oferuje ochronę przed kwasem żołądkowym, wakuole *zawierające Brucella*, gdzie bakterie mogą przeżyć, LPS i dysmutaza nadtlenkowa Cu/Zn. Następnie patogen jest przenoszony przez węzły chłonne do krążenia, aby zasiać różne organy i układy organizmu, co ostatecznie objawia się różnymi objawami klinicznymi (Gorvel, 2008).

Mechanizm, dzięki któremu *Brucella wchodzi do* komórek i unika zabijania wewnątrzkomórkowego oraz układu odpornościowego gospodarza, jest przedmiotem wielu badań i dyskusji (Lapaque *i in.*, 2005). *Brucella* może uwalniać adeninę i monofosforany guaniny, które hamują syntezę mieloperoksydazy z peroksydazą, a w konsekwencji fagolizosomów. Internacjonalizacji *Brucelli* do makrofagów gospodarza może sprzyjać wiązanie się bakterii z fagosomalnymi lipidowymi tratwami błonowymi. Cykliczny glukan, który jest kodowany przez cykliczny gen syntezy glukanu, może zakłócać dojrzewanie wakuoli *Brucelli* poprzez rozbijanie tratw lipidowych, zapobiegając w ten sposób fuzji brucelozy z lizosomami (Franco *i in.* , 2007).

Kilka składników antygenowych *Brucelli zostało zidentyfikowanych* i stwierdzono, że odgrywają one różne role, w tym patogenezę i odpowiedź immunologiczną, i są potencjalnie przydatne w diagnozowaniu choroby. Kilka badań nad czynnikami zjadliwości jest ukierunkowanych na główne składniki błony zewnętrznej (Lapaque *i in.*, 2005 i Mantur *i in.* , 2007).

Lipopolisacharyd (LPS), jest głównym antygenem, głównym czynnikiem wirulencji *Brucelli.* Posiada on nieklasyczny LPS w porównaniu z klasycznym LPS z enterobakterii (Lapaque *i in.*, 2005) i może występować w dwóch częściowo wspólnych epitopach antygenowych: A (*B. abortus*) i M (*B. melitensis*) (Drancourt *i in.* , 1997). LPS jest głównym składnikiem błony zewnętrznej i posiada 3 domeny: lipid A, oligosacharyd rdzeniowy i antygen O (lub łańcuch O) (Jiménez de Bagués *et al.*, 2004).

Antygen O wydaje się być najważniejszym składnikiem LPS w wirulencji *Brucelli*, ponieważ chroni bakterie przed komórkowymi peptydami kationowymi (Martínez de Tejada *i in.*, 1995), metabolitami tlenowymi i lizą dopełniacza (Corbeil *i in.*, 1988 i Fernández-Prada *i in.*, 1988), 2001); hamuje działanie cytopatyczne na komórki gospodarza (Fernández-Prada *i wsp.*, 2003 oraz Pei i Ficht, 2004); upośledza produkcję cytokin z zakażonych; oraz jest regulatorem *in vitro obniżania* aktywacji komórek T (Rittig *i wsp.*, 2003 oraz Jiménez de Bagués *i wsp.*, 2004).

Obecność lub brak antygenu O w LPS określa odpowiednio fenotypy gładkie lub szorstkie (Forestier *i in.*, 2000). Smooth *Brucella* LPS (S-LPS) ma łańcuch O, podczas gdy szorstki szczep LPS (R-LPS) nie zawiera łańcucha O. Ucieczka przed reakcjami immunologicznymi gospodarza nie występuje u szczepów osłabionych, szorstkich. Gładkie szczepy *Brucelli* z mutacjami w genie fosfoglukomutazy, który jest zaangażowany w syntezę O-łańcucha, wykazały osłabienie wirulencji (Franco *i in.* , 2007).

Wydaje się, że endotoksyczność LPS jest mniejsza niż innych bakterii, a wzorce molekularne LPS związane z patogenami, które można rozpoznać u gospodarza, są zredukowane. Po zinternalizowaniu *Brucelli*, LPS zmienia zdolność zakażonej komórki do prezentacji głównego kompleksu zgodności histologicznej klasy II Ag (antygen) na specyficzne komórki CD4 (Fugier *i in.* , 2007).

Antygeny białkowe, takie jak cytoplazmatyczne, obwodowe i błonowe białka strukturalne (np. Omp 25) są również rozpoznawane przez układ odpornościowy podczas infekcji i są potencjalnie przydatne w badaniach diagnostycznych (Goldbaum *i in.*, 1993; Corbel, 1997 oraz Moriyon i Lopez, 1998).

Inne, takie jak białka rybosomalne (np. L7/L12) i białka fuzyjne, wykazały działanie ochronne przeciwko *Brucelli* oparte na reakcjach przeciwciał i komórkowych. Takie cząsteczki antygenowe mogą być przydatne w potencjalnych szczepionkach (Oliveira i Splitter, 1996 i Corbel, 1997).

Reakcja immunologiczna gospodarza:

Reakcja gospodarza na *Brucellę* obejmuje zarówno wrodzone, jak i adaptacyjne odpowiedzi immunologiczne. Odporność wrodzona jest indukowana we wczesnym stadium infekcji, odgrywając rolę w zmniejszaniu początkowej liczby bakterii i zapewnieniu środowiska do generowania odpowiedzi Th1 u gospodarza (Robertson, 1998).

Interakcja *Brucelli* z ludzkim układem odpornościowym jest krytyczna dla rozwoju przewlekłej infekcji lub usuwania infekcji (Golding *i in.*, 2001 oraz Baldwin i Goenka, 2006). We wczesnych fazach po wprowadzeniu brak jest jakiejkolwiek reakcji prozapalnej z niewielką aktywacją dopełniacza z powodu słabego wiązania S-LPS (Pappas *i in.* , 2005a).

Szybka fagocytoza bakterii przez neutrofile występuje po opsonizacji, jednak większość *Brucelli* przeżywa. Wykorzystując mechanizmy oporu przeciwko układom bakteriobójczym wewnątrz komórki, *Brucella* jest transportowana do tkanek limfatycznych przez neutrofile (Corbeil *i in.*, 1988 i Young, 1985). Komórki NK (Natural Killer) odgrywają istotną rolę w brucelozie, zapewniając cytotoksyczność przeciwko zakażonym komórkom (Zaitseva *i in.*, 1996). W niektórych przypadkach jednak tego nie robią, promując przewlekłość zakażenia. W przypadku ostrej brucelozy stwierdzono upośledzenie aktywności komórek NK oraz funkcji cytotoksycznej i wytwarzania makrofagów reaktywnych metabolitów tlenu (Pappas *i in.* , 2005b).

Makrofagi mają zdolność do zabijania wewnątrzkomórkowej *Brucelli* zaraz po fagocytozie, ale często wewnątrzkomórkowe bakterie przeżywają i namnażają się aktywując geny i czynniki wirulencji. Charakterystyczne przewlekłe zmiany ziarniniakowe powstają w zakażonych tkankach, gdzie makrofagi, neutrofile i limfocyty reagują na białka i sacharydy *Brucelli* (Fernandez-Prada *i in.*, 2001). Funkcje bakteriobójcze makrofagów to reaktywny tlen i półprodukty azotowe, które indukowane są przez INF-ɣ i TNF-α (Jiang *i in.*, 1993 i Ko *i in.*, 2002).

Adaptacyjna odpowiedź immunologiczna na zakażenie *Brucelli* polega na produkcji przeciwciał, aktywacji komórek T i aktywności cytokin. Podczas infekcji wykrywalne są przeciwciała przeciwko LPS oraz różne białka bakteryjne. Produkcja przeciwciał IgM lub IgG w niskich stężeniach u gatunków naturalnie zakażonych wydaje się sprzyjać lizie *Brucelli* klasyczną drogą dopełniacza. Wyższe poziomy przeciwciał IgG obecne podczas aktywnego zakażenia zapobiegają lizą bakteryjną i prawdopodobnie promują fagocytozę bakterii przez makrofagi wzmacniające wewnątrzkomórkową lokalizację bakterii (Ko i Splitter, 2003). Chociaż humoralne odpowiedzi przeciwciał na antygeny *Brucelli okazały* się bardzo przydatne w badaniach diagnostycznych, ich rola w odpowiedzi gospodarza jest nadal badana. Wyniki badań z udziałem ochotników, którzy zostali zaszczepieni szczepionką Rev 1 przeciwko *B. melitensis* wskazują, że immunoglobuliny (IgM) pojawiły się w pierwszym tygodniu zakażenia, a następnie IgG już w drugim tygodniu; jednakże IgM i IgG osiągnęły szczytowe poziomy w czwartym tygodniu i utrzymywały się przez prawie rok, podczas gdy IgG i IgA utrzymywały się dłużej niż 6 miesięcy w przypadku przewlekłej brucelozy (Pappas *i in.* , 2005b).

Ochrona gospodarza przed *brucellą* zależy głównie od odporności pośredniej, ponieważ organizmy te są zlokalizowane wewnątrzkomórkowo (Ko *i in.*, 2002), z udziałem głównie aktywnych komórek prezentujących antygeny (makrofagi, komórki dendrytyczne) oraz limfocytów T CD4 i CD8, komórek NK i nie konwencjonalnych limfocytów T.Th1 odpowiedź immunologiczna dominuje na początku brucelozy i jest niezbędna do usunięcia zakażenia (Golding *i in.*, 2001; Gorvel, 2008 i Skendros *i in.*, 2010).

Mechanizmy modulacji *Brucelli* i uchylania się od niej w ludzkich profesjonalnych komórkach prezentujących antygeny składają się z kilku mechanizmów:

- Prevention of phagocytosis (macrophages) (Fernandez-Prada *et al.*, 2003 i Rittig *et al.*, 2003).
- Inhibition of phagolysosome fusion (macrophages) (Rittig *et al.*, 2002; Rittig *et al.*, 2003 i Bellaire *et al.*, 2005).
- Inhibicja dojrzewania komórkowego (komórki dendrytyczne) (Billard *i in.*, 2007).
- Down regulation of antigen presentation (macrophages, dendritic cells) (Billard *et al.*, 2007 and Barrionuevo *et al.*, 2008).
- Prevention of apoptosis (macrophages) (Fernandez-Prada *i in.*, 2003 i Tolomeo *i in.*, 2003).
- Blockade of TNF-α (macrophages, dendritic cells) and IL-12 production (dendritic cells) (Caron *et al.*, 1996; Jubier-Maurin *et al.*, 2001 and Billard *et al.*, 2007).
- Opisano obniżoną regulację dojrzewania komórek dendrytycznych i prozapalnego wydzielania cytokin (Gorvel, 2008).

Ostatnie badania wskazują, że polimorfizm TNF-α-308 może

przyczyniać się do podatności na zakażenie *Brucella*, jednak rola TNF-α w brucelozie człowieka nie została jasno określona (Reza *i in.*, 2009).
U ludzi eliminacja zjadliwej *Brucelli* wydaje się zależeć od aktywowanych makrofagów, wymagających głównie cytokiny Th1, interferonu- ɣ (IFN-ɣ) (Pappas *i in.* , 2005b).

Uważa się, że IFN-ɣ odgrywa kluczową rolę w patogenezie brucelozy, a stężenie IFN-ɣ i IL-12 w surowicy zostało zwiększone. Odnotowano jednak również osłabienie regulatora IFN. Osoby homozygotyczne dla allelu IFN-ɣ 874A okazały się bardziej podatne na brucelozę (Pappas *i in.* , 2005a). Nowsze badania przeprowadzone w Hiszpanii sugerują, że polimorfizm genu beta przekształcającego czynnik wzrostu może mieć udział w podatności na brucelozę i w rozwoju choroby ogniskowej (Bravo *i in.* , 2008).

W przewlekłej brucelozie, zmniejszona produkcja cytokiny Th1 może przyczynić się do braku odpowiedzi komórek T (Giambartolomei *i in.* , 2002). *Brucella* powinna być uważana za bakterię trwałą, ponieważ może wykazywać długotrwałe przetrwanie wewnątrz komórek endoplazmatycznych siatkówki gospodarza. Ponieważ nie ma dożywotniej odporności po zakażeniu, może dojść do nawrotu lub przewlekłej brucelozy, szczególnie jeśli występuje zaburzenie równowagi między patogennością *B. melitensis* a układem odpornościowym gospodarza (Vrioni *i in.* , 2008).

Główne zdarzenia w patogenezie brucelozy i odpowiedzi immunologicznej gospodarza przedstawiono na rycinie (2): *Brucella przedostaje* się do makrofagów, gdzie mniejszości bakterii przeżywają w wyspecjalizowanych komórkach ewolucyjnych i namnażają się w siatkówce endoplazmatycznej. Hamowanie TNF-α przez bakterie zakłóca bakteriobójcze działanie naturalnych komórek zabójczych i makrofagów. Produkcja Interferonu-ɣ wywołuje działanie bakteriobójcze naturalnych komórek zabójczych i limfocytów T bezpośrednio i poprzez indukcję makrofagów. Produkcja przeciwciał przez limfocyty B jest również indukowana, ale odgrywa niewielką rolę w odpowiedzi immunologicznej. Limfocyty T zawierają zarówno komórki pomocnicze jak i supresyjne, w zależności od stadium choroby. Czerwone strzałki wskazują na negatywny efekt, podczas gdy niebieskie strzałki na pozytywny efekt i czarne strzałki na zabójczy efekt (Gorvel i Moreno, 2002).

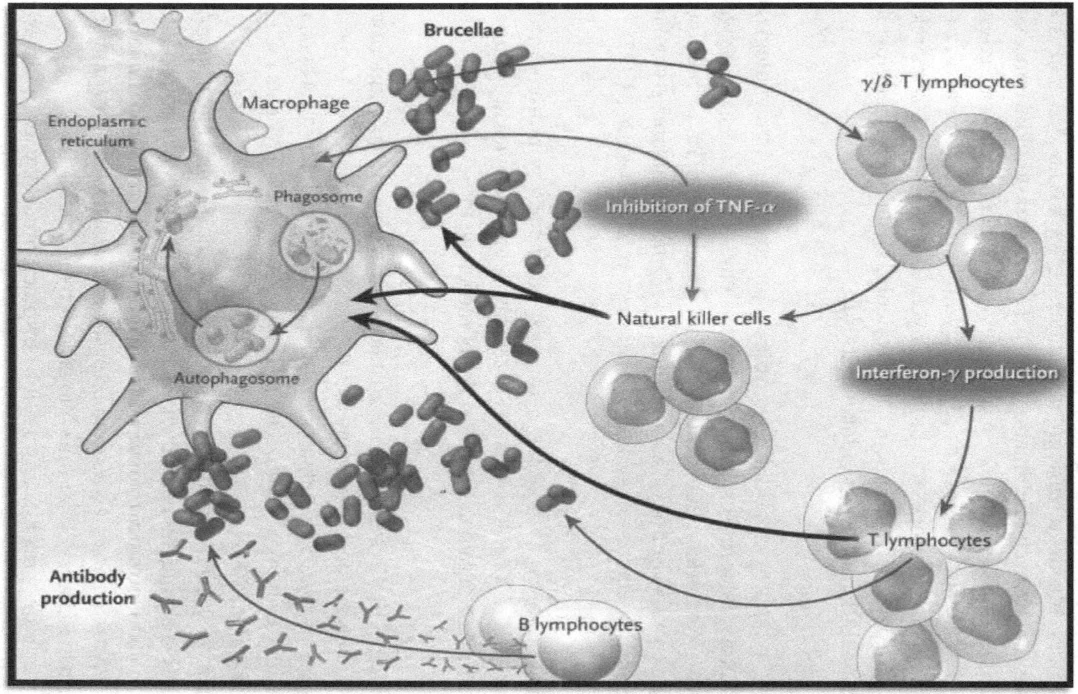

Rysunek (2): Najważniejsze wydarzenia w patogenezie brucelozy i odporności żywiciela odpowiedź (Gorvel i Moreno, 2002).

Cytokiny:

Cytokiny to duża rodzina ponad 100 małych białek, które funkcjonują jako mediatory bliskiego zasięgu uczestniczące w zasadniczo wszystkich procesach biologicznych (Feldmann, 2008). Te niskocząsteczkowe mediatory białkowe, wcześniej również nazywane interleukinami, interferonami, czynnikami wzrostu i TNFs, między innymi, uczestniczą zasadniczo we wszystkich ważnych procesach biologicznych, od proliferacji komórek do zapalenia, odporności, migracji, zwłóknienia, naprawy i angiogenezy (Oppenheim, 2001 i Vilcek i Feldmann, 2004).

Cytokiny odgrywają kluczową rolę w odpowiedzi immunologicznej jako: mediatory odporności wrodzonej (zapalenie, chemotaksja, aktywacja makrofagów, komórki NK) i adaptacyjnej (humoralnej i komórkowej), regulatory aktywacji limfocytów, proliferacji i różnicowania oraz stymulatory wzrostu hematopoetycznych komórek macierzystych (Abbas *i in.*, 1997).

Istnieje kilka typów cytokin o różnych odmianach w ramach każdego typu (męski *i in.*, 2006). Rysunek (3) przedstawia główne cytokiny naturalnie wytwarzane przez organizm i komórki odpornościowe.

Znaczenie IL-12 w brucelozie zostało dobrze opisane jako kluczowych graczy w brucelozie. Jest to kluczowa cytokina produkowana przez komórki B i makrofagi i prowadzi do odpowiedzi immunologicznej Th1 u gospodarza, która ostatecznie indukuje wydzielanie IFN-ɣ z komórek T (Zhan i Cheers, 1995 oraz Ko *i in.*, 2002).

Interferon-ɣ pełni centralną rolę w patogenezie brucelozy poprzez: aktywowanie makrofagów, produkcję reaktywnych form tlenu i półproduktów azotowych, indukowanie apoptozy, zwiększanie różnicowania komórek i produkcji cytokin oraz zwiększanie ekspresji cząsteczek prezentujących antygen (Zhan i Cheers, 1993 oraz Yingst i Hoover, 2003).

Że interferon-ɣ ma kluczową rolę w ewolucji brucelozy jest podkreślone przez wpływ polimorfizmu genetycznego w interferonie-ɣ (the +874A allel). Chorzy homozygotyczni dla allelu +847 mogą być stosunkowo bardziej podatni na brucelozę i - co ciekawe - na gruźlicę (Bravo *i in.*, 2003).

Rysunek(3): Uproszczona prezentacja odpowiedzi immunologicznych w stosunku do Brucelli (Skendros & Boura, 2013).

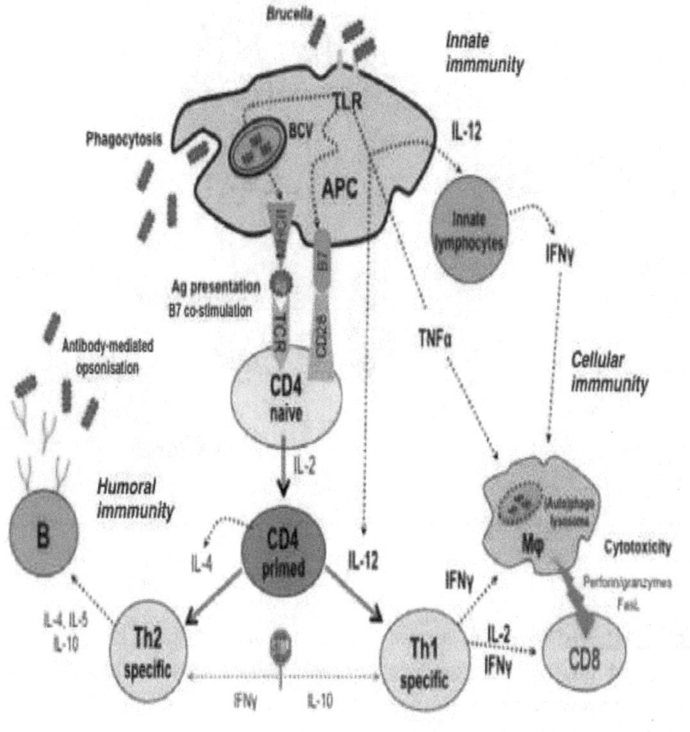

Ag: antigen
APC: antigen-presenting cell
B7: CD80/CD86 co-stimulatory molecules
BCV: *Brucella*-containing vacuole
CTL: cytotoxic lymphocyte
IFNγ: interferon gamma
IL: interleukin
MHC II: major histocompatibility complex type II
TCR: T-cell receptor
TLR: Toll-like receptor
TNFα: tumour necrosis factor alpha

Fig. 1

Simplified representation of immune response against *Brucella*

Phagocytosis and/or pattern recognition receptor (e.g. TLR) signalling lead to the activation of APC and the priming of naïve CD4+ T lymphocytes towards a Th1 phenotype (innate immunity). The Th1 cytokines (TNFα, IFNγ) enhance the anti-*Brucella* mechanisms of macrophages (Mφ) and induce the CD8+ CTL-mediated cytotoxicity against *Brucella*-infected Mφ (specific cellular immunity). Innate lymphocytes are early producers of IFNγ, linking innate to specific immunity. The Th2 response activates B lymphocytes (B) for antibody production, facilitating the phagocytosis of *Brucella* through opsonisation (specific humoral immunity). The Th2 cytokines (e.g. IL-10) inhibit the action of Th1 cytokines (e.g. IFNγ) and vice versa

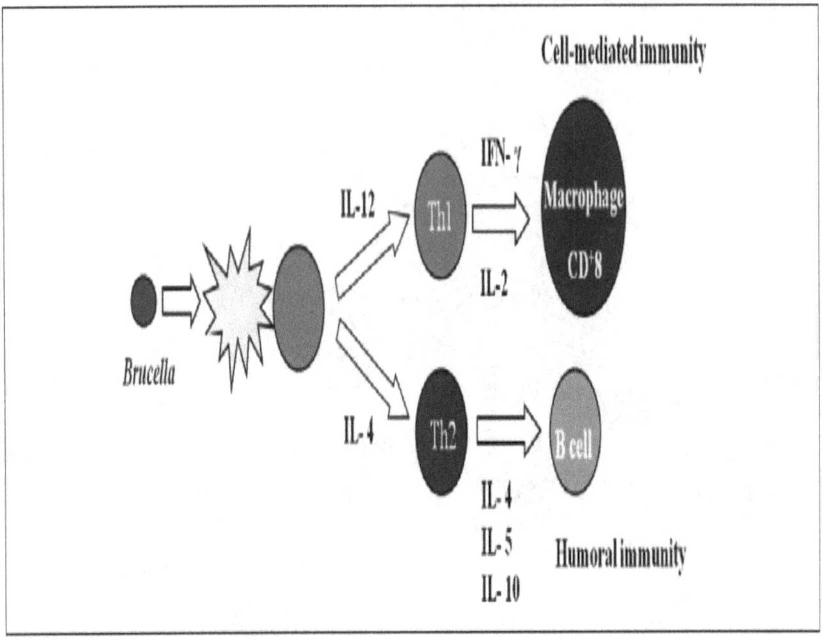

Rysunek (4): Odporność humoralna i odporność za pośrednictwem komórek biorących udział w zakażeniu Brucelli. *Brucella* wyzwala APC do uwolnienia IL-12, co powoduje, że komórki T różnicują się w komórki Th1, które wydzielają IFN-γ lub IL-2. Cytokiny Th1 wzmacniają mechanizm anty-bruceloidalny makrofagów lub indukują cytotoksyczność CD8+. Odpowiedź Th2 aktywuje komórkę B do produkcji przeciwciał, ułatwiając fagocytozę *Brucelli* poprzez opsonizację. Cytokiny Th2 hamują działanie cytokin Th1 (Goldings *i in.* , 2001).

Diagnoza brucelozy:

Zgodnie z zaleceniem WHO izolacja i identyfikacja *Brucelli* umożliwia ostateczne rozpoznanie brucelozy i może być przydatna do celów epidemiologicznych oraz do monitorowania postępów w realizacji programu szczepień zwierząt. *Brucella* stanowi ryzyko dla personelu obsługującego ją w laboratorium. Należy zwrócić uwagę na miejscowe wymogi prawne dotyczące obchodzenia się z *brucellą* i konieczne jest przestrzeganie pewnych minimalnych standardów bezpieczeństwa laboratoryjnego zgodnie z *Podręcznikiem badań diagnostycznych i szczepionek dla zwierząt lądowych,* OIE, 2004.

Diagnoza u ludzi

Ze względu na dużą różnorodność objawów klinicznych brucelozy u ludzi nie można postawić diagnozy wyłącznie z przyczyn klinicznych i konieczne jest wykonanie badań bakteriologicznych i serologicznych. Jednakże wszyscy lekarze zajmujący się gorączkowym pacjentem żyjącym w obszarze endemicznym lub ostatnio podróżujący do kraju, w którym bruceloza jest chorobą endemiczną ("choroba związana z podróżowaniem"), muszą być świadomi możliwości zakażenia pacjenta *Brucellą.* Z tego powodu prawidłowe zebranie wywiadu klinicznego jest niezbędne do ukierunkowania diagnozy i należy podkreślić potrzebę postawienia kilku bardzo podstawowych pytań (zawód, spożycie pokarmu, kontakt ze zwierzętami i podróżowanie do obszarów endemicznych). Ponadto należy przeprowadzić szybki test przesiewowy (WHO, 2006).

Test na płytkę różu bengalskiego może być stosowany jako czuły szybki test przesiewowy, ale jego wyniki powinny być potwierdzone przez badania bakteriologiczne i inne badania serologiczne. Jeżeli test przesiewowy okaże się negatywny w świetle wywiadu i prezentacji klinicznej, zaleca się sprawdzenie wyniku przy użyciu dodatkowych testów. Staranne przestrzeganie tych praktyk pomoże uniknąć opóźnienia diagnozy.

Bruceloza ludzka charakteryzuje się dużą różnorodnością objawów klinicznych, co sprawia, że jest trudna do klinicznego rozpoznania. W niektórych obszarach endemicznych przyjmuje się, że każdy przypadek gorączki ludzkiej nieznanego pochodzenia jest spowodowany brucelozą.

Dlatego też rozpoznanie musi być potwierdzone badaniami laboratoryjnymi. Dokładna i szybka diagnoza brucelozy u ludzi jest bardzo ważna, ponieważ opóźnienie lub błędna diagnoza zazwyczaj prowadzi do niepowodzeń w leczeniu, nawrotów choroby, przewlekłych przebiegów, ogniskowych powikłań i wysokiego wskaźnika śmiertelności (Dahouk *i in.*, 2007).

Diagnostyka laboratoryjna brucelozy u ludzi opiera się na izolacji *Brucella* spp. z hodowli krwi oraz na wykazaniu obecności specyficznych przeciwciał poprzez zastosowanie testów serologicznych. Chociaż zautomatyzowane systemy posiewów skróciły czas wzrostu bakterii z rodzaju *Brucella* do 1 tygodnia, konwencjonalne metody wymagają prawie 4-krotnie dłuższego czasu i mają bardzo niski wskaźnik powodzenia (tylko 10-70%) (Roushan *i in.*, 2010).

Diagnostyka bakteriologiczna

- **Izolacja *Brucelli*:**

Diagnostyka brucelozy opiera się na szczegółowym wywiadzie uzyskanym od pacjentów, a izolacja *Brucella* spp. z posiewów krwi przyjmowana jest jako metoda standardowa. Ostateczna diagnoza brucelozy wymaga izolacji bakterii z krwi, szpiku kostnego lub próbek tkanek. Chociaż czułość metody posiewów krwi różni się w zależności od indywidualnych praktyk laboratoryjnych, ilości bakterii we krwi oraz stosowanych metod, zmienia się ona między 15-70 %. Hodowla szpiku kostnego jest uważana za złoty standard w diagnostyce brucelozy, ponieważ stosunkowo wysokie stężenie *Brucelli* w układzie siatkówkowo-śródbłonkowym umożliwia wykrycie organizmu.

Izolacja *Brucelli* z krwi, szpiku kostnego, węzłów chłonnych lub płynów mózgowo-rdzeniowych pozostaje standardem w diagnostyce brucelozy u ludzi, jednak hodowla nie może być praktycznie stosowana jako badanie przesiewowe (Acha i Szyfres, 2003). Pomimo swojej wysokiej specyficzności, hodowla *Brucelli* ma kilka wad, takich jak powolny wzrost i słaba czułość. Niska czułość na izolację zależy od wielu czynników, w tym: indywidualnych praktyk laboratoryjnych, ilości patogenu w próbkach klinicznych, stadium zakażenia, stosowania antybiotyków przed postawieniem diagnozy, metod stosowanych w hodowli oraz hodowanego szczepu. Czułość wykrywania waha się od 15% do 70% pacjentów z ostrym zakażeniem, a nawet jest niższa u pacjentów przewlekle zakażonych (Mantur i Mangalgi, 2004). Ostatnio wyższy odsetek dodatnich posiewów krwi (91% w ostrej brucelozie i 74% w przewlekłej brucelozie) odnotowano stosując technikę wirowania lizowego (Mantur i Mangalgi, 2004 oraz Glynn i Lynn, 2008).

Hodowle szpiku kostnego są uznawane za złoty standard w diagnostyce brucelozy, ponieważ stosunkowo wysokie stężenie *brucelozy* w układzie siatkówkowo-śródbłonkowym ułatwia wykrywanie organizmu. Ponadto, eliminacja bakterii ze szpiku kostnego jest równoznaczna z eliminacją drobnoustrojów (Gotuzzo *i in.*, 1986).

Brucella jest hodowana w standardowym trybie dwufazowym (stałym i ciekłym) lub przy użyciu butelki Castaneda, która zawiera zarówno stałe, jak i ciekłe pożywki w tym samym pojemniku (Bannatyne *i in.*, 1997). Zautomatyzowane systemy stałego monitorowania posiewów krwi, takie jak Bactec (BD Diagnostics, Sparks, MD, USA) i BacTAlert (bioMerieux, Durham, NC, USA) dają wyższe wyniki niż konwencjonalna metoda hodowlana i przyspieszają wykrycie wzrostu bakterii (większość odzyskana w ciągu 1 tygodnia). Nie ma potrzeby inkubacji butelek dłużej niż 10-14 dni (Araj i Kattar, 2003).

Jednym słowem, hodowla jako "złoty standard" jest przede wszystkim trudna, niebezpieczna, czasochłonna, pozbawiona wrażliwości na pacjentów z przewlekłą brucelozą i wymaga wysoko wykwalifikowanego personelu oraz specjalnych szafek III poziomu bezpieczeństwa biologicznego (Al-Dahkou *i in.*, 2003).

Identyfikacja Brucelli:

Jedynym rozstrzygającym dowodem na zakażenie *Brucella* jest odzyskanie bakterii od pacjenta. Chociaż *Brucella* może być izolowana ze szpiku kostnego, płynu mózgowo-rdzeniowego, ran, ropnia, itp., to jednak krew jest materiałem najczęściej używanym do hodowli bakteriologicznej. Stężenie i lizanie frakcji leukocytów przed posiewem jest

zgłoszonych w celu poprawy poziomu izolacji.

System hodowli krwi, który jest zalecany, to dwufazowa metoda Castaneda, która wykorzystuje zarówno stałe, jak i płynne podłoże w tym samym pojemniku. Ogranicza to konieczność prowadzenia hodowli wtórnej, a tym samym zmniejsza ryzyko zakażenia uzyskanego w laboratorium. Często zalecany jest bulion dekstrynowy z odpowiednią fazą stałą, ale *Brucella* będzie rosła na większości wysokiej jakości pożywkach opartych na peptonach, używanych do hodowli krwi. Pożywka selektywna nie jest konieczna do hodowli próbek krwi ludzkiej pobranych z zachowaniem aseptycznych środków ostrożności. Inkubacja powinna być przeprowadzona w powietrzu uzupełnionym o 5% CO2. Nowsze metody półautomatyczne (BACTEC 9204 i Bac/Alert) znacznie skracają czas potrzebny do wykrycia; obecność *Brucelli* można wykryć tymi metodami do trzeciego dnia inkubacji. Istnieją jednak ograniczone, opublikowane dane dotyczące znacznej liczby posiewów krwi, które pozwoliłyby na porównanie tych i tradycyjnych metod. Należy zauważyć, że wcześniejsze systemy (BACTEC NR 730) nie wykryły znaczącej liczby próbek, które były dodatnie w konwencjonalnych systemach hodowli krwi.

Konwencjonalne posiewy krwi Castaneda rzadko dają wynik pozytywny przed czwartym dniem inkubacji. Większość posiewów krwi jest dodatnia między siódmym a 21 dniem, a tylko 2% po 27 dniu. Z tego powodu inkubacje powinny być przeprowadzane przez co najmniej 45 dni przed odrzuceniem hodowli krwi jako negatywnej dla *Brucelli.* Okresowe przechylanie się mieszaniny bulionu z krwią w butelkach Castaneda w fazie stałej powinno zminimalizować potrzebę wykonywania subkultur. Jeżeli jednak po tygodniu nie nastąpił wzrost, zaleca się poddanie płynu subkulturacji na pożywkę stałą oraz przygotowanie wymazów i wybarwienie zmodyfikowaną metodą Ziehla-Neelsena. Proces ten może odróżnić *Brucellę* od możliwych Gram-dodatnich zanieczyszczeń skóry kokosów i pałeczek oraz od artefaktów obecnych w podłożu zaszczepionym krwią.

W krajach śródziemnomorskich, z nieznanych powodów, *B. abortuje rzadko kiedy jest* odizolowana od przypadków ludzkich. Na przykład w Hiszpanii ponad 98% z 2107 izolatów od ludzi badanych w jednym z badań stanowiły *B. melitensis*. Odsetek dodatnich posiewów krwi u pacjentów z gorączką może wynosić nawet 86,5%. U pacjentów z niską gorączką lub bez gorączki, odsetek ten spada odpowiednio do 75% i 28,5%. Dotyczy to również pacjentów z nawrotami choroby. Jednakże, w dwóch obszernych badaniach wykazano, że 31,8% i 41,9% izolatów *B. melitensis pochodziło* od pacjentów bez gorączki.

Kolonie gatunków *Brucella* można odzyskać z próbek klinicznych na różnych podłożach, np. z krwi i agaru czekoladowego, w ciągu 24-48 godzin od inkubacji tlenowej lub poniżej 5-10% inkubacji CO_2 przy 37 °C. W klinicznym laboratorium mikrobiologicznym można wykonać kilka testów do wstępnej identyfikacji patogenu, a mianowicie wykazać Gram-ujemne kakobacyle, dodatnie testy oksydazowe i katalazy oraz dodatnią reakcję aglutynacyjną slajdów z antysurowicami swoistymi dla Brucelli (Alton i *in.*, *1988*; Corbel, 1997).

Szczegółowa specjacja i charakterystyka izolatu wymaga specjalistycznych, dobrze wyposażonych laboratoriów, które mogą wykonać szeroki zakres konwencjonalnych badań metabolicznych, biochemicznych, barwnikowych i fagowych. Ponieważ są to niebezpieczne testy wiążące się z wysokim ryzykiem zakażenia i wymagają długiego czasu na wykonanie, kilka metod molekularnych do specjacji i podtypu izolatów *Brucelli* zapewnia bezpieczniejszą i bardziej wiarygodną diagnozę i zaczyna zastępować metody konwencjonalne (Al-Dahouk *i in.*, 2007; Kattar *i in.*, 2008 i Co więcej, 2009).

Na podstawie morfologii kolonialnej, wyglądu rozmazów wybarwionych metodami Grama i stempla oraz wyników testów aglutynacji oksydazowej i szkiełek mikroskopowych z użyciem antysurowic *swoistych dla Brucelli, można dokonać* wstępnej identyfikacji izolatów *Brucelli* na poziomie rodzaju. Alternatywnie, jeżeli dostępna jest zwalidowana metoda identyfikacji molekularnej, taka jak PCR z użyciem starterów dla autentycznie swoistych sekwencji insercyjnych *IS 711* lub IS650, lub sekcji genów *16S-23S rRNA, BCPS31* i *omp 2a*, można ją wykorzystać. Domniemany izolat *Brucella* powinien zostać przekazany do laboratorium referencyjnego w celu dokładnej identyfikacji na poziomie gatunku i biotypu, ponieważ może on dostarczyć bardzo cennych informacji epidemiologicznych.

Ostatnio niektórzy autorzy zaproponowali testy oparte na PCR do bezpośredniego wykrywania organizmów *Brucella* we krwi. Potrzebne jest jednak większe doświadczenie, zanim zdecydujemy, czy może to zastąpić tradycyjne posiewy krwi. Zanim jakikolwiek taki test zostanie wprowadzony do rutynowych badań laboratoryjnych, musi zostać zatwierdzony pod względem czułości, specyficzności i odtwarzalności. Przed wprowadzeniem w życie takich procedur niezbędne jest ustanowienie skutecznych procedur powstrzymywania, aby zapobiec skażeniu próbek bakteryjnym DNA lub amplifikowanymi replikami ze środowiska laboratoryjnego.

Serodiagnoza:

Antygen - przeciwciała o znaczeniu diagnostycznym

Bruceloza została po raz pierwszy zdiagnozowana testem serologicznym przez Wrighta i Smitha w 1897 roku. W ciągu ostatnich stu lat, od momentu pierwszej izolacji, opracowano wiele testów serologicznych na brucelozę, poczynając od prostego testu aglutynacyjnego, a kończąc na dostępnych obecnie zaawansowanych testach wiążących. Jednakże, żaden z opracowanych do tej pory testów nie jest w 100% dokładny. Tak więc, generalnie, diagnoza serologiczna polega na testowaniu surowicy za pomocą kilku testów, zwykle testu przesiewowego o wysokiej czułości, a następnie testu potwierdzającego o wysokiej swoistości (Nielsen i Yu, 2010).

Głównymi antygenami *Brucelli* przydatnymi w diagnostyce brucelozy u ludzi są gładkie (S) lipopolisacharydy (LPS) zewnętrznej błony komórkowej oraz białka wewnętrzne (cytozolowe). Podobnie jak w przypadku innych bakterii Gram-ujemnych w fazie S, powierzchnia *Brucelli* jest zewnętrzną membraną zawierającą SLPS, która jest wystawiona na działanie środowiska. LPS jest antygenem immunodominującym, ale jest również cząsteczką przenoszącą epitopy, które mogą reagować krzyżowo z innymi bakteriami Gram-ujemnymi, w tym *Yersinia enterocolitica* O:9, *Escherichia coli* O:157, *Francisella tularensis, Salmonella urbana* O:30, *Vibrio cholerae* i innymi (WHO, 2002).

Surowicowy (probówkowy) test aglutynacyjny (SAT), lub jego warianty z płytkami mikromiareczkowymi, wykorzystujący ciepło/fenol zabite całe krwinki S, wykrywa przeciwciała przeciwko S- LPS. Przeciwciała reagujące na S-LPS mogą być również wykrywane za pomocą innych testów - np. testu immunosorpcji enzymatycznej (ELISA) - gdy są one przystosowane do stosowania ekstraktów zawierających S-LPS. Ponieważ jest to antygen immunodominujący, przeciwciała przeciwko białkom są wykrywane przy użyciu preparatów zawierających białka cytosolowe wolne od S-LPS. Ważnym punktem w stosowaniu białek cytozolowych jest fakt, że nigdy nie stwierdzono znaczącej serologicznej reaktywności krzyżowej z wyżej wymienionymi bakteriami (chociaż możliwa jest reaktywność krzyżowa z bakteriami takimi jak *Ochrobactrum*, które są ściśle związane genetycznie z *Brucellą*). Dlatego też, białka te mogą być stosowane do rozróżniania infekcji wywoływanych przez *Brucellę* od tych wywoływanych przez bakterie reagujące krzyżowo na poziomie S-LPS.

Odpowiedź immunologiczna człowieka na *Brucellę charakteryzuje* się początkową produkcją przeciwciał o izotypie IgM, po której po dłuższym okresie czasu następuje wydzielanie przeciwciał o izotypie IgG. Test ELISA wykorzystujący S-LPS może być stosowany do pomiaru ewolucji izotypów immunoglobulin po zakażeniu i po leczeniu. Stwierdzono dobrą korelację między mianem ELISA-IgM a mianem aglutynacji w surowicy. W jednym z badań stwierdzono, że po leczeniu miano przeciwciał IgM spadało szybciej niż miano przeciwciał IgG. Jednakże, od 25% do 50% pacjentów z ostrą brucelozą wykazywało przeciwciała IgM rok po leczeniu. Wśród tych pacjentów 85% miało wysokie miana IgG 18 miesięcy po klinicznym wyzdrowieniu, a u pacjentów z nawrotem choroby nastąpił jednoczesny wzrost przeciwciał IgG, ale nie IgM. Miano IgA w przybliżeniu pokrywało się z mianem IgG. W przeciwieństwie do tego, w innym badaniu wykorzystującym SAT i 2-merkaptoetanol (2-ME) lub ditiotreitol (DTT) aglutynacja, u pacjentów z powodzeniem leczonych z powodu brucelozy nastąpił szybki spadek stężenia aglutyninin 2-ME opornych (IgG) i wrażliwych (IgM). Jednakże, niskie poziomy aglutyninin 2-ME wrażliwych (IgM lub IgA), mierzone metodą SAT, mogły pozostać w surowicy przez długi czas. Należy zauważyć, że testy redukcyjne nie są całkowicie swoiste dla IgM, ponieważ mogą one również powodować degradację IgA. Dlatego ich wyniki należy interpretować z ostrożnością. Do wykrywania swoistych izotypów preferowany jest test ELISA. Najwyraźniej różne wyniki testów 2-ME i ELISA-IgG są częściowo spowodowane tym efektem, a częściowo wykryciem w tym drugim teście małych ilości przeciwciał klasy IgG, które nie ulegają aglutynacji. Ponieważ ważne jest skorelowanie miana przeciwciał przeciwko *Brucelli* z przebiegiem klinicznym zakażenia, należy zdawać sobie sprawę z klasy przeciwciał, która jest mierzona poszczególnymi testami.

Teoretycznie, w ostrej brucelozie, pierwszym i głównym immunoglobulinowym izotypem jest IgM. Następnie u pacjentów, którzy nie byli leczeni, następuje przejście na syntezę izotypów IgG. Początkowa odpowiedź IgM może nie być widoczna u pacjentów z powolnym, podstępnym początkiem choroby, u tych, u których obserwowano ją późno lub u tych z nawrotami choroby. Miano aglutyninin (IgM, IgA i IgG) powinno spaść po skutecznym leczeniu; jeśli nie, należy ocenić pacjenta pod kątem możliwości nawrotu lub przewlekłej choroby ogniskowej. Miano IgG i IgA zwiększa się w nawrotach. Istnieją dwie szerokie kategorie metod serologicznych do diagnozowania brucelozy: te oparte na produkcji przeciwciał przeciwko lipopolisacharydowi oraz te oparte na produkcji przeciwciał przeciwko innym antygenom bakteryjnym (Young, 1991). Opracowany przez Bruce'a test aglutynacji w surowicy pozostaje najpopularniejszym narzędziem diagnostycznym w diagnostyce brucelozy. Miana powyżej 1:160 są uznawane za diagnostyczne w połączeniu z kompatybilnym obrazem klinicznym. Jednakże, w obszarach chorób endemicznych, stosowanie miana 1:320 jako diagnostyki może być bardziej specyficzne. Serokonwersja i ewolucja miana mogą być również stosowane w diagnostyce (Rice and Boyes, 1971; Corbel, 1972).

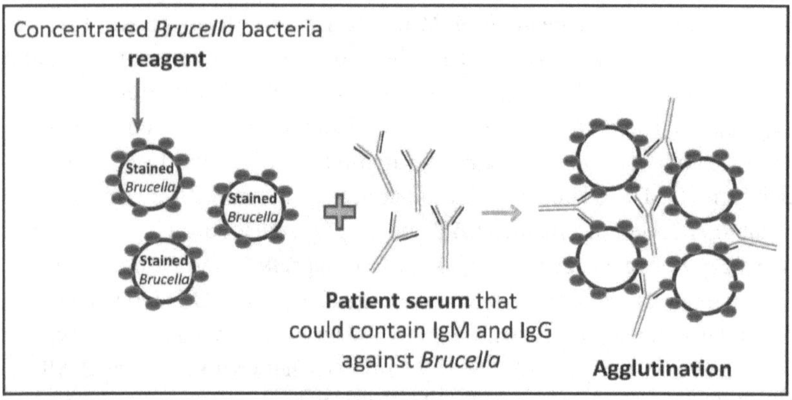

Zasada testu aglutynacji slajdowej

Badania serologiczne wykrywające przeciwciała S-LPS

Próba RBT jest obecnie zalecanym szybkim testem przesiewowym, ale jej wyniki powinny być zawsze potwierdzane innymi testami wykrywającymi przeciwciała aglutynacyjne i nieaglutynacyjne oraz hodowlą bakteriologiczną, w szczególności na obszarach, na których występuje wysoka zapadalność na brucelozę zwierząt. Czułość RBT wynosi ponad 99%, ale może dawać fałszywie pozytywne reakcje z surowicami od pacjentów zakażonych *Y. enterocolitica* 0:9 lub innymi organizmami reagującymi krzyżowo oraz od osób zdrowych, które miały kontakt z *S-Brucella* bez rozwoju choroby (kto, 2006). Jednakże, opracowano szybkie testy aglutynacji szkiełek mikroskopowych do diagnostyki serologicznej zakażenia *B. canis* (George and Carmichael, 1987 i Reid *et al.*, 2009), jak również test mikroaglutynacji (Kimura *et al.*, 2008).

SAT jest bardzo użytecznym testem w diagnostyce brucelozy u ludzi, gdy jest wykonywany przy użyciu standaryzowanego preparatu antygenowego, a miana, które mogą być wyrażone w jednostkach międzynarodowych (IU), mogą być dobrze skorelowane z klinicznymi stadiami zakażenia. Aby uczynić ten test bardziej informacyjnym, należy przeprowadzić aglutynację równolegle, stosując jako rozcieńczalnik bufor fosforanowy zawierający 2-ME w końcowym stężeniu 0,05 M lub DTTT w końcowym stężeniu 0,005 M, który niszczy aktywność aglutynacyjną IgM (i IgA). Standardowy probówkowy test aglutynacyjny (SAT) jest najczęściej stosowanym testem serologicznym w celu potwierdzenia ludzkiej brucelozy (Pabuccuoglu *i in.*, 2011). Próba aglutynacji surowicy (SAT), zwana standardową próbą aglutynacji *Brucelli,* jest powszechnie stosowana w diagnostyce ostrej brucelozy. Jednak 2-markaptoetanol i próba wiązania dopełniacza są stosowane w przewlekłej brucelozie, w której aktywne zakażenie utrzymuje się mimo powrotu do niskich poziomów miana aglutynacji (Acha i Szyfres, 2003).

Wady testu aglutynacji surowicy obejmują niemożność rozpoznania zakażenia *B. ovis* i *B. canis*, szorstkich gatunków *Brucelli*.pojawienie się reakcji krzyżowych immunoglobulin klasy M z *Francisella tularensis, Escherichia coli* O116 i O157, *Salmonella urbana, Yersinia enterocolitica* O:9, *Vibrio cholerae, Xanthomonas maltophilia* i *Afipia clevelandensis*; oraz odsetek przypadków, w których serokonwersja nie występuje. Brak serokonwersji można przypisać wykonywaniu badań we wczesnym stadium zakażenia, obecności przeciwciał blokujących lub tzw. zjawisku "prozone" (tj. hamowaniu aglutynacji w małych rozcieńczeniach z powodu nadmiaru przeciwciał lub nieswoistych czynników serum) (Young, 1991). Testy aglutynacji w surowicy mają również poważną wadę polegającą na tym, że nie nadają się do obserwacji pacjentów, ponieważ miana mogą pozostać wysokie przez dłuższy czas (Al-Dahkou *i in.*, 2003). Niektóre z tych niedociągnięć można przezwyciężyć poprzez modyfikacje, takie jak dodanie EDTA, 2-mercaptoetanolu lub globuliny antyludzkiej (Araj, 1999).

Problem określenia miana SAT wskazującego na aktywne zakażenie nie został jeszcze rozwiązany. Ogólnie rzecz biorąc, każdy pacjent wytwarza indywidualną odpowiedź i nie jest możliwe przewidzenie jego zachowania w każdym przypadku, ani też wyjaśnienie, dlaczego niektórzy pacjenci wytwarzają wysokie miana aglutyniny, podczas gdy inni mają tylko niskie wartości w czasie trwania choroby. Na przykład, w badaniu 238 pacjentów z brucelozą stwierdzono, że jeśli miano 1/80 (100 j.m.) miałoby być uznane za diagnostyczne, 29,2% pacjentów byłoby uznane za ujemne; ponadto, w tym samym badaniu stwierdzono, że 3,4% surowic miało miano 1/10 (12 j.m.) lub niższe. Orientacyjnie, miana 160 (200 j.m.) lub więcej mają wyraźną wartość diagnostyczną, o ile pacjent wykazuje oznaki i objawy choroby. Niektórzy autorzy uważają, że na obszarach o wysokiej zapadalności na brucelozę zwierząt miano diagnostyczne powinno być wyższe, ponieważ wiele osób bezobjawowych będzie miało miano na tym poziomie. W tych okolicznościach wartość SAT jest poważnie ograniczona. Chociaż serokonwersja jest wysoce wskaźnikiem zakażenia, rzadko widziana w praktyce, ponieważ próbki surowicy rzadko są pobierane na wystarczająco wczesnym etapie zakażenia.

Inne przydatne w diagnostyce brucelozy u ludzi testy to: test różu bengalskiego, test przeciwodpornościowy, test Coombsa, test aglutynacji immunologicznej (Brucellacapt), test aglutynacji lateksowej oraz test pośredniej immunosorbcji enzymatycznej (ELISA) (Orduna *i in.*, 2000 oraz Acha i Szyfres, 2003). Stwierdzono dobrą korelację między wynikami testów IgG ELISA i Coombsa. Jednakże test Coombsa (i IgG ELISA) pozostaje dodatni dłużej niż inne testy aglutynacji.

Miano testów Coombsa jest zazwyczaj bardzo wysokie, gdy infekcja *Brucella jest* obecna przez długi czas przed postawieniem diagnozy. Można to podsumować w następujący sposób: w ostrej brucelozie miana Coombsa są zazwyczaj 4 do 16 razy wyższe niż miana SAT, podczas gdy u pacjentów z długim okresem ewolucji bez leczenia miana są 16 do 256 razy wyższe (Alton,

1988).

Chociaż w przeszłości stosowano również test immunofluorescencyjny i test radioimmunologiczny, najbardziej odpowiednią metodą badania dystrybucji izotypu immunoglobulin jest pośredni test ELISA. Analiza danych pokazuje, że test ELISA jest przydatny do pomiaru przeciwciał IgG i że możliwe jest zastąpienie testu Coombsa pośrednim testem ELISA z koniugatami S-LPS i anty-IgG.

Jednakże, chociaż ELISA z S-LPS jest bardzo obiecującym testem, kilka problemów, w tym standaryzacja, zmienna jakość odczynników handlowych i interpretacja wyników, w szczególności w oparciu o same odczyty gęstości optycznej, powoduje problemy porównywalności międzylaboratoryjnej i musi zostać rozwiązanych poprzez ustanowienie standardowych materiałów odniesienia.

Test immunosorbcji połączonej z enzymami (ELISA) jest od wielu lat oceniany pod kątem wydajności diagnostycznej w celu wykrycia przeciwciał przeciwko brucelozie. Pośredni test ELISA zazwyczaj wykorzystuje białka cytoplazmatyczne jako antygeny. Test ELISA mierzy immunoglobuliny klasy M, G i A, co pozwala na lepszą interpretację sytuacji klinicznej i przezwycięża niektóre z niedociągnięć testu aglutynacji w surowicy (Almuneef i Memish, 2003).

W przypadku wszystkich tych wad, testy immunologiczne oparte na enzymach (EIA), które mierzą specyficzne przeciwciała IgM, IgG i IgA, pozwalają na lepszą interpretację sytuacji klinicznej i przezwyciężenie fałszywych negatywów/pozytywności, które mogą pojawić się w SAT (Aliskan, 2008).

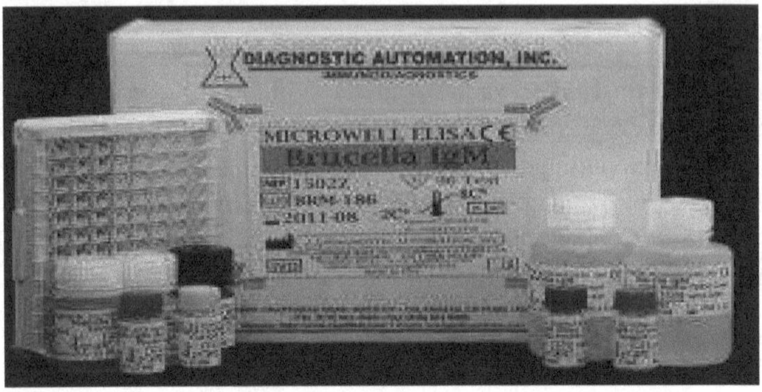

Almuneef i Memish (2003) stwierdzili, że test immunosorbcji połączonej z enzymami (ELISA) jest od wielu lat oceniany pod kątem wydajności diagnostycznej w celu wykrycia przeciwciał przeciwko brucelozie. Pośredni test ELISA zazwyczaj wykorzystuje białka cytoplazmatyczne jako antygeny. Test ELISA mierzy immunoglobuliny klasy M, G i A, co pozwala na lepszą interpretację sytuacji klinicznej i przezwycięża niektóre z niedociągnięć testu aglutynacji w surowicy.

W związku z tym Rahman (2003) zalecił stosowanie testu ELISA w diagnostyce brucelozy, że ma on kilka zalet w porównaniu z innymi testami. Po pierwsze, posiada on bezpośrednią metodę identyfikacji specyficznych przeciwciał i dlatego nie jest podatny na fałszywe reakcje dodatnie. Po drugie, jest bardziej czuły niż inne testy aglutynacyjne, a zatem ma możliwość wykrycia zakażonych zwierząt. Po trzecie, zastosowany koniugat enzymu przeciwciał jest w stanie wykryć wszystkie klasy przeciwciał. Łączne oznaczenie wszystkich klas przeciwciał pozwala na dokładną diagnozę serologiczną na każdym etapie choroby. Po czwarte, wyniki testu ELISA stanowią narzędzie epidemiologiczne do badania statusu zakaźnego stad.

Również Sathyanarayan i in. (2011) stwierdzili, że testy serologiczne są bardziej czułe w porównaniu z posiewem krwi. Testy ELISA są najbardziej czułe i szybkie w diagnostyce brucelozy. Spośród ocenianych technik najbardziej skuteczne w wykrywaniu brucelozy okazało się połączenie testu

ELISA IgM i IgG.

Mantur *i wsp.* (2007) wyjaśnili, że w pierwszym tygodniu zakażenia w surowicy pojawiają się przeciwciała IgM przeciwko antygenom lipopolisacharydów , a już w drugim tygodniu przeciwciała IgG. Oba izotypy przeciwciał osiągają szczyt w czwartym tygodniu, a stosowanie antybiotyków wiązało się z obniżeniem poziomu przeciwciał zarówno klasy IgM, jak i IgG. Zalecono również, aby swoiste dla *brucelozy przeciwciała IgM* i IgG były nadal najczęstszymi i najbardziej przydatnymi środkami w diagnostyce laboratoryjnej brucelozy, ponieważ są one szybsze i zmniejszają ryzyko laboratoryjnych zakażeń nabytych w wyniku prowadzenia hodowli *Brucelli.*

Pabuccuoglu i wsp. (2011) porównywali testy serologiczne (test różu bengalskiego [RB]; standardowy test aglutynacji [SAT]; test immunologiczny z użyciem enzymów [EIA] do wykrywania IgM, IgA i IgG; oraz test z użyciem 2- merkaptoetanolu [2-ME]), które są rutynowo stosowane u pacjentów, u których wcześniej zdiagnozowano różne rodzaje brucelozy (ostrą, podostrą lub przewlekłą), i oceniali wyniki testu awidencyjnego IgG. Stwierdzili oni, że i) testy RB i SAT są właściwymi i wiarygodnymi testami do celów serologicznej diagnostyki brucelozy; ii) IgM może być stosowana jako marker ostrej brucelozy; iii) test 2ME, podobny do EIA, może być stosowany w celu określenia poziomu IgM; oraz iv) test dowodowy IgG powinien zostać poddany normalizacji.

W ostatnim czasie wzrosła świadomość na temat badania interferonu z całą masą krwi (IFN-γ) jako ilościowego badania in vitro do bezpośredniego odczytu odpowiedzi immunologicznej specyficznej dla komórek Ag (CMI) na choroby zakaźne. Riber *i wsp.* (2011) potwierdzili, że test IFN-γ jest skuteczny w ciężkich infekcjach wewnątrzkomórkowych, takich jak *Brucella.* Interpretacja odczytów na podstawie badanej próbki surowicy została uznana za dodatnią, jeśli jej wartość absorbancji ELISA przekracza średnią wartość ujemnych próbek kontrolnych o więcej niż dwa odchylenia standardowe (Gast i wsp., 1997).

Dlatego też George i Araj (2010) stwierdzili, że w celu uzyskania najbardziej wiarygodnej diagnozy brucelozy u ludzi zaleca się, aby laboratorium stosowało połączenie dwóch testów aglutynacyjnych, a mianowicie SAT i pośredniego Coombsa lub SAT i Brucellacaptu, albo testu ELISA na obecność IgG i IgM. Pozwala to na wykrycie przeciwciał w różnych stadiach choroby, ponieważ w stadium ostrym każdy test może dać wynik dodatni, podczas gdy w przypadkach przewlekłych, złożonych lub ogniskowych SAT może dać wynik ujemny, podczas gdy Coombs, Brucellacapt i ELISA IgG są dodatnie.

Swoiste dla brucelozy IgM pojawiające się pod koniec pierwszego tygodnia choroby, po którym następuje IgG, są nadal najczęstszymi i najbardziej przydatnymi środkami w diagnostyce laboratoryjnej brucelozy. Ponadto, są one szybsze i zmniejszają ryzyko wystąpienia zakażeń nabytych w laboratorium w wyniku prowadzenia hodowli *Brucelli* (Mantur *i in.*, 2007).

Test ELISA do diagnostyki brucelozy ma kilka zalet w porównaniu z innymi testami. Po pierwsze, posiada bezpośrednią metodę identyfikacji specyficznych przeciwciał i dlatego nie jest podatny na fałszywe reakcje dodatnie. Po drugie, jest bardziej czuły niż inne testy aglutynacyjne, a zatem ma potencjał wykrywania zakażonych zwierząt. Po trzecie, zastosowany koniugat enzymu przeciwciał jest w stanie wykryć wszystkie klasy przeciwciał. Łączne oznaczenie wszystkich klas przeciwciał pozwala na dokładną diagnozę serologiczną na każdym etapie choroby. Po czwarte, wyniki ELISA stanowią narzędzie epidemiologiczne do badania stanu zakażenia stad (Rahman, 2003).

W celu uzyskania najbardziej wiarygodnej diagnozy brucelozy u ludzi zaleca się, aby laboratorium stosowało kombinację dwóch testów aglutynacyjnych, mianowicie SAT i pośredniego Coombsa lub SAT i Brucellacaptu, lub testu ELISA na obecność IgG i IgM. Pozwala to na wykrycie przeciwciał w różnych stadiach choroby, ponieważ w stadium ostrym każdy test może być dodatni, podczas gdy w przypadkach przewlekłych, złożonych lub ogniskowych SAT może być ujemny, podczas gdy Coombs, Brucellacapt i ELISA IgG są dodatnie (George i Araj, 2010).

Niedokładne wyniki serologiczne powodujące błędne diagnozy są ciągłym problemem podczas badań na obecność czynników chorobotwórczych w wychowanej populacji zwierząt lub u ludzi. Z powodu genetycznej różnorodności populacji, niektóre zwierzęta reagują niskim poziomem przeciwciał na wystawienie na działanie *Brucella sp.*, co powoduje fałszywe negatywne wyniki. Inne zwierzęta reagują bardzo wysokimi poziomami przeciwciał, które mogą powodować prozonowanie w niektórych starszych typach testów. Wysoko reagujące zwierzęta mogą również mieć podwyższony poziom przeciwciał przeciwko naturalnie występującym przeciwciałom spowodowany ekspozycją na mikroorganizmy reagujące krzyżowo. Narażenie na mikroorganizmy reagujące krzyżowo może również powodować podwyższony poziom przeciwciał przez różne okresy czasu, w niektórych przypadkach przez dłuższy czas. Oba scenariusze spowodują fałszywie dodatnią reakcję serologiczną, co stanowi poważny problem diagnostyczny w niektórych obszarach, gdzie takie mikroorganizmy są endemiczne (Nielsen i Yu, 2010).

Rutynowe stosowanie odczynu wiązania dopełniacza (CF) nie jest zalecane w małych laboratoriach ze względu na jego złożoność techniczną (znacznie większą niż w przypadku odczynów SAT i ELISA) oraz ze względu na problemy napotykane podczas jego normalizacji. Jednakże, badanie to jest użyteczne. Doświadczenie pokazuje, że jest ona przydatna:

(i) CF i SAT są pozytywne w 91,7 % przypadków;

(ii) Miano CF jest wyższe od miana SAT po 4. lub 5. miesiącu choroby;

(iii) Ujemny wynik CF ze znacznym mianem SAT występuje u około 4,6% pacjentów, na ogół w początkowych dniach lub tygodniach choroby; oraz

(iv) Ujemny wynik testu SAT z wysokim mianem CF występuje w około 3,7% przypadków, na ogół odpowiadając chorobie przewlekłej lub pacjentom, którzy wyzdrowieli.

Badania serologiczne wykrywające przeciwciała przeciwko białkom cytosolowym

Przeciwciała przeciwko antygenom białka cytosolowego *Brucelli* badano metodą podwójnej immunoelektroforezy (CIEP), ELISA. oraz western blotting. Przez CIEP stwierdzono, że surowice tych pacjentów z przeciwciałami opornymi na 2 ME i wysokim mianem Coombsa również wytwarzają większą liczbę linii opadu i wyższe miana przeciwciał przeciwko białkom. Oczywiście reakcje tych pacjentów miały dłuższy czas ewolucji i jest to interpretowane jako wzrost liczby linii opadu w miarę rozwoju choroby bez diagnozy i leczenia. Badania ELISA wykazały, że chociaż przeciwciała przeciwko S-LPS mogą pojawić się u osób, które miały kontakt z S-Brucella, ale nie rozwinęły choroby klinicznej, to jednak przeciwciała przeciwko wybranym białkom wskazują na aktywne zakażenie. U szeregu pacjentów z utrzymującym się zakażeniem lub nawrotem choroby stwierdzono, że miana przeciwciał przeciwko proteinom uległy podwyższeniu , podczas gdy u pacjentów, którzy odzyskiwali przeciwciała przeciwko proteinom, zanikły. Jakościowo podobne wyniki uzyskano w przypadku plamienia zachodniego. Do wad tych metod należy zaliczyć ich nieilościową i raczej subiektywną interpretację, brak danych walidacyjnych oraz brak dostępności odczynników referencyjnych (Almuneef i Memish, 2003).

Diagnoza zapalenia opon mózgowych *Brucelli* i zapalenia opon mózgowych

W takich przypadkach *Brucella* powinna być hodowana z CSF. Jednakże, biorąc pod uwagę, że w większości przypadków rutynowe hodowle dają wyniki ujemne, obowiązkowe jest wykonanie testów serologicznych na płyn mózgowo-rdzeniowy. W brucelozie, która nie wpływa na ośrodkowy układ nerwowy, u pacjentów nie dochodzi do rozwoju przeciwciał w płynie mózgowo-rdzeniowym. Natomiast u tych pacjentów, u których rozwija się nerwobruceloza, CFS zawiera niskie miana przeciwciał przeciwko S-LPS i białkom cytosolowym. Przeciwciała te mogą być łatwo wykryte odpowiednio przez testy RBT i CIEP. Płyn mózgowo-rdzeniowy jest zazwyczaj klarowny, a jego analiza ujawnia wzrost IgG i limfocytowej pleocytozy (Young i Corbel, 1989).

Testy śródskórne

Rozwój opóźnionej nadwrażliwości na antygeny *swoiste dla Brucelli* podawane śródskórnie wskazuje na wcześniejsze narażenie na zakażenie, ale nie wskazuje na jego aktualne znaczenie. Chociaż stosowany był w przeszłości w niektórych krajach, test śródskórny nie jest zalecany do celów diagnostycznych. Stosowanie niezdefiniowanych i niestandardowych preparatów antygenowych może również powodować powstawanie przeciwciał, które zakłócają kolejne badania serologiczne (WHO, 2002).
Możemy stwierdzić, że prawidłowa diagnoza serologiczna brucelozy

człowieka może być dokonana przy użyciu testu wykorzystującego fazę S, całe komórki. Zalecane badania to RBT, SAT samodzielnie lub z redukcją 2-ME lub DTTT, antyglobulina Coombsa, CFT i ELISA. Wyniki kombinacji testów, takich jak SAT i antyglobulina Coombsa, mogą być wykorzystane do oceny etapu rozwoju choroby w momencie postawienia diagnozy. Odczyn ELISA, z koniugatem o odpowiedniej swoistości IgM lub IgG i S-LPS, mógłby zastąpić ustalone testy, ale wymaga dalszej standaryzacji i walidacji. Inne metody mogą być użyteczne, ale są mniej swoiste i nie zostały odpowiednio ocenione.

Badania molekularne:

Do laboratoryjnej diagnostyki brucelozy u ludzi wykorzystano zaawansowaną technologię molekularną. Opracowane we własnym zakresie konwencjonalne testy łańcuchowej reakcji polimerazy (PCR) oraz testy PCR w czasie rzeczywistym (RT- PCR) były wykorzystywane do bezpośredniego wykrywania *Brucelli* z próbek klinicznych, do monitorowania reakcji na leczenie oraz do identyfikacji, specjacji i różnicowania odzyskanych *Brucelli* spp. Czułość tych testów w bezpośrednim wykrywaniu *Brucelli* z próbek klinicznych była dość zmienna, od 50% do 100%, a swoistość wahała się od 60% do 98%. Zróżnicowanie to może być związane z różnymi metodami ekstrakcji DNA, formatami i ograniczeniami wykrywania, a także z różnymi rodzajami użytych próbek (Kattar *et al.*, 2007 oraz Quipo- Ortuño *et al.*, 2008).

Ogólnie rzecz biorąc, testy molekularne mają duży potencjał w badaniu pacjentów z brucelozą. Jednakże konieczna jest dalsza standaryzacja i optymalizacja w celu osiągnięcia spójności i wiarygodności wyników, zanim zostaną one włączone do rutynowych badań laboratoryjnych (Quipo- Ortuño *i in.*, 2008). Testy molekularne, takie jak reakcja łańcuchowa polimerazy (PCR), są od kilkudziesięciu lat globalnie stosowane w diagnostyce brucelozy. Obecnie test ten jest powszechnie stosowany do oceny skuteczności leczenia.

Tak więc, kluczowe punkty diagnostyki brucelozy u ludzi są następujące:

- W ostrej brucelozie, izolacja *Brucelli* z krwi lub innych tkanek jest ostateczna.
- Hodowla jest często ujemna , zwłaszcza w chorobie długotrwałej .

- Serologia jest najbardziej użyteczną metodą diagnostyczną.
- Zaleca się stosowanie procedur RBT, aglutynacji probówkowej i testu ELISA.
- Metody różnicujące IgM i IgG mogą rozróżnić aktywne i przeszłe zakażenia.
- Mogą wystąpić fałszywie pozytywne reakcje serologiczne.
- Skintestreactionsindicatepastexposurenot Aktywna infekcja.

❖ **Diagnoza u zwierząt**

Diagnozę i zwalczanie choroby u zwierząt należy prowadzić w oparciu o stada. U niektórych zakażonych zwierząt może wystąpić bardzo długi okres inkubacji, a osobniki mogą pozostać serologicznie ujemne przez znaczny okres po zakażeniu. Identyfikacja jednego lub więcej zakażonych zwierząt jest wystarczającym dowodem na to, że zakażenie występuje w stadzie i że inne zwierzęta serologicznie ujemne mogą inkubować chorobę i stanowić zagrożenie.

Testy diagnostyczne dzielą się na dwie kategorie: te, które wykazują obecność organizmów oraz te, które wykrywają odpowiedź immunologiczną na ich antygeny. Izolacja *Brucelli* jest ostatecznym dowodem na to, że zwierzę jest zakażone, ale nie wszystkie zakażone zwierzęta dają dodatni wynik hodowli, a metody i urządzenia, które muszą być stosowane, nie zawsze są łatwo dostępne. Wykrycie przeciwciał lub reakcji nadwrażliwości zapewnia jedynie tymczasową diagnozę, ale w praktyce jest najbardziej wykonalnym i ekonomicznym środkiem diagnostycznym. Fałszywe reakcje dodatnie na testy serologiczne mogą wystąpić w wyniku działania wielu czynników, w tym szczepień, o czym należy pamiętać przy interpretacji wyników. Podobnie, nadwrażliwość skórna wskazuje jedynie na wcześniejsze narażenie na działanie organizmu, niekoniecznie aktywne zakażenie, i może również wynikać ze szczepienia.

Szczepienie jest niezwykle ważnym i skutecznym aspektem większości strategii kontrolnych, ale jego wadą jest to, że jego stosowanie może dezorientować diagnostykę poprzez stymulowanie produkcji nadwrażliwości lub przeciwciał wykrywalnych przez testy serologiczne. Miano przeciwciał może utrzymywać się przez dłuższy czas u niewielkiego odsetka zaszczepionych zwierząt i odsetek ten wzrasta wraz z wiekiem przy szczepieniu. W celu ograniczenia tego problemu, u bydła szczepienie jest zwykle stosowane u młodych zwierząt poniżej szóstego miesiąca życia, ale może być stosowane u osób dorosłych, jeżeli podana zostanie zmniejszona dawka, w szczególności drogą wewnątrzkanałową. Obecnie nie istnieje żaden powszechnie dostępny test, który byłby w stanie odróżnić zwierzęta zaszczepione od zakażonych, chociaż niektóre testy są w trakcie oceny. Jest niezwykle ważne, aby stosowanie szczepień było ściśle kontrolowane, aby były one stosowane w odpowiednim wieku, aby stosowano szczepionki o odpowiedniej jakości oraz aby zaszczepione zwierzęta były prawidłowo identyfikowane. Jeżeli tak nie jest, to prawidłowa diagnoza serologiczna jest myląca. Program szczepień może zostać zawieszony, gdy częstość występowania choroby osiągnie bardzo niski poziom, gdy wady szczepienia przewyższają wszelkie korzyści, jakie może ono przynieść na podstawie analizy kosztów i korzyści oraz analizy opłacalności (Halling i Boyle, 2003).

Metody bakteriologiczne

Izolacja i identyfikacja *Brucelli* umożliwia ostateczne rozpoznanie brucelozy i może być przydatna do celów epidemiologicznych oraz do monitorowania postępów w realizacji programu szczepień. Należy zauważyć, że wszystkie zakażone materiały stanowią poważne zagrożenie i muszą być traktowane z zachowaniem odpowiednich środków ostrożności podczas pobierania, transportu i przetwarzania.

Zaplamione smugi

Wymazy z łóżeczka łożyskowego, wydzieliny z pochwy lub zawartości żołądka płodowego mogą być barwione zmodyfikowanymi metodami Ziehla-Neelsena (Stamp) lub Kostera. Obecność dużych agregatów wewnątrzkomórkowych, słabo kwasoodpornych organizmów o morfologii *Brucella* jest przypuszczalnym dowodem na brucelozę. Należy zachować ostrożność, ponieważ inne czynniki zakaźne, takie jak *Coxiella burnetii* lub *Chlamydia,* mogą powierzchniowo przypominać *Brucellę.*

Kultura

Brucella może być najłatwiej wyizolowana w okresie następującym po zakażonej aborcji lub wycieleniu się, ale można również podjąć próbę jej izolacji pośmiertnej. *Brucelle* są wydalane w dużych ilościach po porodzie i mogą być hodowane z różnych materiałów, w tym ze śluzu pochwy, łożyska, zawartości żołądka i mleka, przy użyciu odpowiednich pożywek selektywnych. Bardzo ważne jest, aby ograniczyć do minimum zanieczyszczenie materiału kałami i środowiskiem, aby zapewnić jak największe szanse na skuteczną izolację *Brucelli*. Jeżeli inny materiał jest niedostępny lub rażąco zanieczyszczony, zawartość żołądka płodowego jest zazwyczaj sterylna i stanowi doskonałe źródło *Brucelli*. W pewnych okolicznościach właściwe może być podjęcie próby pośmiertnej izolacji *Brucelli*. Odpowiedni materiał obejmuje nadsutkowe, biodrowe i pozagardłowe węzły chłonne, tkankę wymion, jądra i macicę ziarnistą.

Próbki mleka powinny być pozostawione na noc w temperaturze 4 °C przed lekkim odwirowaniem. Śmietanę i osad rozprowadza się na powierzchni co najmniej trzech płytek stałego podłoża selektywnego. Próbki z osadem należy przygotować w polu, wybierając najmniej zanieczyszczoną porcję i odcinając kawałki liścieni. W laboratorium porcje powinny być zanurzone w alkoholu, który przed pocięciem nożyczkami lub skalpelem należy spalić i rozmazać na powierzchni cięcia na trzech płytkach ośrodka selektywnego. Inne tkanki stałe mogą być traktowane w podobny sposób lub, w idealnym przypadku, powinny być maceryzowane mechanicznie po spaleniu przed powlekaniem. Tkanki mogą być mielone ręcznie lub homogenizowane w mikserze lub stomacherze z niewielką ilością sterylnej wody. Płodową zawartość żołądka pobiera się, po otwarciu brzucha, przez odcięcie powierzchni żołądka za pomocą gorącej szpatułki i odessanie zawartości płynu za pomocą pipety lub strzykawki Pasteur.

Kolonie bakteryjne mogą być tymczasowo zidentyfikowane jako *Brucella na podstawie* ich właściwości kulturowych i wyglądu, barwienia Grama oraz aglutynacji z dodatnią surowicą odpornościową. Jeśli jest to możliwe, można zastosować metodę identyfikacji molekularnej opartą na PCR. Ostateczna identyfikacja podejrzanych kolonii może być dokonana jedynie przy użyciu technik dostępnych w ośrodkach referencyjnych *Brucelli* (Halling i Boyle, 2003).

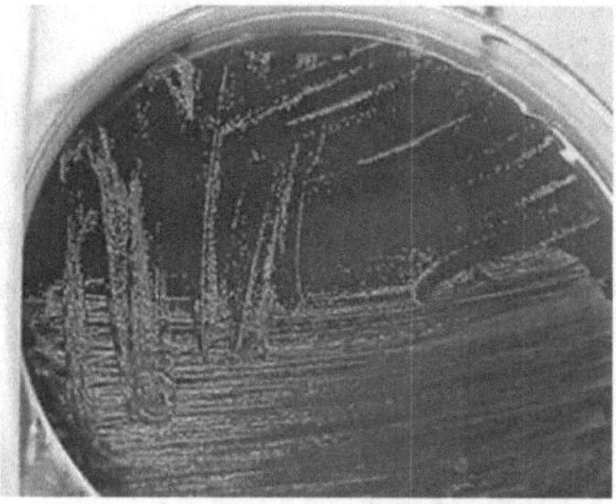

Brucella może być izolowana z krwi, węzłów chłonnych lub szpiku kostnego i uprawiana na agarze z krwi

Metody serologiczne

Wykrywanie swoistych przeciwciał w surowicy lub w mleku pozostaje najbardziej praktycznym sposobem diagnostyki brucelozy. Najskuteczniejszą i najbardziej opłacalną metodą jest zazwyczaj badanie wszystkich próbek przy użyciu taniego i szybkiego testu, który jest wystarczająco czuły, aby wykryć wysoki odsetek zakażonych zwierząt. Próbki, które uzyskały wynik pozytywny w badaniu przesiewowym, są następnie badane przy użyciu bardziej zaawansowanych, specyficznych testów potwierdzających w celu postawienia ostatecznej diagnozy.

Bezwzględnie konieczne jest stosowanie wyłącznie uznanych międzynarodowo testów wykorzystujących antygeny znormalizowane względem 2. międzynarodowej surowicy anty-B. *abortus*. Do każdej partii testów powinna być dołączona odpowiednia surowica kontrolna, a testy powinny być powtarzane, jeżeli kryteria kontroli jakości nie są spełnione. Wyniki serologiczne muszą być interpretowane w kontekście występowania choroby, stosowania szczepień i występowania fałszywie pozytywnych reakcji z powodu zakażenia innymi organizmami. Podobnie jak w przypadku wszystkich diagnoz laboratoryjnych, konieczne jest prawidłowe zidentyfikowanie "śladu rewizyjnego" indywidualnej tożsamości zwierzęcia, numeru próbki i wyniku testu, tak aby istniałapełna pewność związku między zwierzęciem a wynikiem (kto, 2004).

Badanie z różem bengalskim (RBT)

RBT jest jedną z grup testów znanych jako zbuforowane testy na antygen *Brucelli,* które opierają się na zasadzie, że zdolność przeciwciał IgM do wiązania się z antygenem jest znacznie obniżona przy niskim pH. Testy RBT i inne testy, takie jak testy aglutynacji z użyciem zbuforowanej płytki oraz test kartkowy, odgrywają ważną rolę w diagnostyce serologicznej brucelozy na całym świecie.

RBT jest prostym, punktowym testem aglutynacyjnym, w którym krople wybarwionego antygenu i surowicy są mieszane na płytce, a każda uzyskana aglutynacja oznacza reakcję dodatnią. Próba jest doskonałym testem przesiewowym, ale może być nadwrażliwa na diagnozę u pojedynczych zwierząt, szczególnie tych zaszczepionych. Procedura może być zautomatyzowana, ale wymaga sprzętu wykonanego na zamówienie (Crespo León, 1994).

Testy ELISA

Testy ELISA oferują doskonałą czułość i specyficzność, a jednocześnie są solidne, dość proste do wykonania przy użyciu minimalnej ilości sprzętu i łatwo dostępne z wielu komercyjnych źródeł w postaci zestawów. Są one bardziej odpowiednie niż CFT do stosowania w mniejszych laboratoriach, a technologia ELISA jest obecnie wykorzystywana do diagnozowania szerokiego zakresu chorób zwierząt i ludzi. Chociaż w zasadzie testy ELISA mogą być stosowane do badania surowicy wszystkich gatunków zwierząt i ludzi, wyniki mogą się różnić w zależności od zastosowanej metodologii w poszczególnych laboratoriach. Nie wszystkie kwestie związane z normalizacją zostały jeszcze w pełni rozwiązane. W przypadku badań przesiewowych test jest zazwyczaj przeprowadzany w jednym rozcieńczeniu.

Należy jednak zauważyć, że chociaż ELISA są bardziej czułe niż RBT, czasami nie wykrywają zakażonych zwierząt, które mają wynik dodatni RBT. Należy również zauważyć, że ELISA są tylko nieznacznie bardziej specyficzne niż RBT lub CFT (Corbel i MacMillan, 1999).

Próba aglutynacji surowicy (SAT)

SAT był szeroko stosowany w diagnostyce brucelozy i chociaż jest prosty i tani w wykonaniu, jego brak czułości i specyficzności oznacza, że powinien być stosowany tylko w przypadku braku technik alternatywnych.

Badanie wiązania dopełniacza (CFT)

Wrażliwość i specyfika CFT jest dobra, ale jest to złożona metoda wykonania wymagająca dobrego zaplecza laboratoryjnego i przeszkolonego personelu. Jeżeli są one dostępne i badanie jest przeprowadzane regularnie z należytą dbałością o zapewnienie jakości, to może być bardzo zadowalające. Istotne jest, aby miareczkować każdą próbkę surowicy ze względu na występowanie zjawiska prozone, w którym niskie rozcieńczenia niektórych surowic pochodzących od zakażonych zwierząt nie wiążą dopełniacza. Wynika to z obecności wysokich poziomów izotypów przeciwciał nietworzących dopełniacza, które konkurują o wiązanie z antygenem. Przy wyższych rozcieńczeniach są one rozcieńczane i dopełniacz jest utrwalany. Takie pozytywne próbki zostaną pominięte, jeżeli zostaną zbadane tylko w jednym rozcieńczeniu. W innych przypadkach, bakterie zanieczyszczające lub inne czynniki w próbkach surowicy utrwalają lub niszczą dopełniacz, powodując pozytywną reakcję w teście, nawet w przypadku braku antygenu. Takie reakcje "antykomplementarne" powodują, że test jest nieważny i nie można uzyskać wyniku CFT (Crespo León, 1994).

Testy uzupełniające

Zastosowano wiele innych testów serologicznych. Niektóre z nich, takie jak test Rivanolu lub 2-ME, są odmianami SAT i choć są bardziej szczegółowe, mają wiele wspólnych wad. Obecnie nie zaleca się stosowania takich procedur w miejsce testu standardowego.

Testowanie mleka

W stadach mlecznych mleko jest idealnym medium do badań, ponieważ jest łatwo i tanio uzyskiwane, badania mogą być powtarzane regularnie i dają dobre odzwierciedlenie przeciwciał w surowicy. Mleko pochodzące z kurników lub zbiorników zbiorczych może być badane w celu wykrycia obecności zakażonych zwierząt w stadzie, które następnie można zidentyfikować za pomocą badania krwi. Ta metoda badań przesiewowych jest niezwykle skuteczna i zazwyczaj jest metodą z wyboru w stadach mlecznych.

1. **Próba pierścieniowa mleka**

Próba pierścieniowa mleka (MRT) jest prostą i skuteczną metodą, ale może być stosowana tylko w przypadku mleka krowiego. Kropla antygenu zabarwionego hematoksyliną jest mieszana z niewielką ilością mleka w szklanej lub plastikowej probówce. Jeżeli w mleku obecne jest specyficzne przeciwciało, wiąże się ono z antygenem i rośnie wraz ze śmietaną, tworząc niebieski pierścień na górze kolumny mleka. Badanie jest wystarczająco czułe, ale może nie wykryć małej liczby zakażonych zwierząt w obrębie dużego stada. Reakcje nieswoiste są częste w tym badaniu, w szczególności na obszarach wolnych od brucelozy. Test ELISA na mleko jest znacznie bardziej swoisty niż MRT (Światowa Organizacja Zdrowia Zwierząt, 2005 r.).

2. **Mleko ELISA**

Test ELISA może być stosowany do badania mleka luzem i jest niezwykle czuły i swoisty, umożliwiając wykrycie pojedynczych zakażonych zwierząt w dużych stadach w większości przypadków (Światowa Organizacja Zdrowia Zwierząt, 2005 r.).

Test polaryzacji fluorescencyjnej

Technika ta, wymagająca specjalnych odczynników i sprzętu do odczytu, ma rzekomo przewagę nad innymi metodami pod względem czułości i specyficzności.

Ocena została jednak ograniczona, a procedura nie jest powszechnie dostępna. Zanim będzie można ocenić jej ogólną wartość, konieczne są dalsze informacje.

Test śródskórny

Procedura ta, przy użyciu standaryzowanego preparatu antygenowego, takiego jak Brucellin INRA lub Brucellergene OCB, może być stosowana do monitorowania stanu stad na obszarach wolnych od brucelozy. Jest on wrażliwy i specyficzny, ale u zaszczepionych zwierząt mogą wystąpić reakcje fałszywie dodatnie (Young i Corbel, 1989).

Uwagi dotyczące diagnozy brucelozy innej niż bydło

Opisane powyżej procedury są przeznaczone przede wszystkim do diagnozowania brucelozy u bydła. Jednakże metody bakteriologiczne mają również zastosowanie do diagnozowania u wszystkich innych gatunków. Procedury serologiczne wymagają następujących modyfikacji dla poszczególnych gatunków:

❖ <u>Owce i kozy</u>

RBT jest przydatny do badań przesiewowych surowic owczych i kozich na obecność przeciwciał przeciwko

B. Melitensis. Zalecana jest zawiesina antygenu dostosowana do najwyższej czułości wobec panelu surowic kontrolnych. Test jest jednak mniej czuły niż u bydła i może nie wykryć niektórych zakażonych zwierząt. Najlepiej jest stosować go w połączeniu z testem wiązania dopełniacza. SAT z użyciem 5% chlorku sodu jako rozcieńczalnika jest szeroko stosowany, ale ma niską czułość i specyficzność. Wariant z mikroaglutynacją ma wyższą czułość i swoistość. Jest on zalecany tylko w sytuacjach, gdy bardziej zaawansowane badania nie są dostępne. Antygen jest standaryzowany w celu uzyskania 50% aglutynacji w rozcieńczeniu 1:650 drugiego Międzynarodowego Standardu dla surowicy *B. abortus.* Należy zauważyć, że metody aglutynacji są szczególnie wrażliwe na nieswoiste aglutyniny i przeciwciała reagujące krzyżowo. Są one zazwyczaj bardziej wrażliwe w ostrych fazach zakażenia i są poważnie dotknięte szczepieniem. Powinny one być jedynie używany, jeśli nie ma alternatywy. CFT przewyższa metody aglutynacji, ale jego czułość i swoistość są ograniczone i powinien być traktowany jako test uzupełniający, a nie potwierdzający. Może być stosowany do badań przesiewowych, jeśli dostępne są metody zautomatyzowane. Surowice powinny być inaktywowane w temperaturze 62 °C przez 30 minut. Szczepienie powoduje serokonwersję w CFT, ale w takim przypadku miana przeciwciał spadają znacznie szybciej niż miana wynikające z zakażenia. Podaje się, że testy ELISA dają lepsze wyniki niż inne testy pod względem czułości i swoistości, ale doświadczenie jest ograniczone. MRT nie jest odpowiedni do stosowania w przypadku mleka owczego lub koziego, ale można zastosować test ELISA. CFT może być również stosowany na próbkach serwatki, ale jest technicznie wymagający i nie jest już zalecany. Należy rozumieć, że żaden obecnie dostępny test serologiczny nie może zostać uznany za wiarygodny do celów wykrywania brucelozy owiec lub kóz na poziomie poszczególnych zwierząt. Diagnoza i kontrola powinny być stosowane na poziomie stada. Próba śródskórna na opóźnioną nadwrażliwość na antygeny *Brucelli* jest użyteczna jako próba w stadzie lub w stadzie. Jednakże, jest ona poddana szczepieniom. Oczyszczony preparat antygenowy, który zawiera mieszaninę białek *Brucella* wolnych od gładkich LPS, powinien być stosowany w celu uniknięcia negatywnego wpływu na wyniki testów serologicznych. Jest on przydatny do monitorowania stanu stad wolnych od brucelozy, zwłaszcza jeśli nie stosuje się szczepień (Young, 1990).

❖ <u>Świnie</u>

Badania serologiczne są znacznie mniej zadowalające do wykrywania świń z brucelozą niż do wykrywania choroby u bydła, owiec i kóz. Badania powinny być wykonywane w oparciu o stado. Powszechne są nieswoiste aglutyniny i przeciwciała reagujące krzyżowo, wywoływane przez współistniejące zakażenia *Escherichia coli* O157, *Salmonella, Yersinia enterocolitica* 09 i innymi organizmami. RBT jest przydatna do badań przesiewowych dużej liczby surowic. SAT nie jest zalecany. CFT daje wyniki porównywalne z RBT. ELISA oferuje najwyższą czułość i swoistość spośród wszystkich obecnie dostępnych testów serologicznych. Test śródskórny, wykorzystujący określony preparat antygenowy, jest najbardziej wiarygodną procedurą diagnostyczną dla świń, zarówno w odniesieniu do pojedynczych osobników, jak i do całego stada. W przypadku wykrycia zakażenia, należy zająć się nim poprzez ubój stada, ponieważ wiele zakażonych zwierząt prawdopodobnie pozostanie niewykrytych (Young, 1990).

- ❖ **Wielbłądy, bawoły, renifery, jaki...**

Badania serologiczne stosowane w odniesieniu do bydła mają zastosowanie do tych gatunków. Surowice wielbłądzie do testów w CFT powinny być inaktywowane w temperaturze 60-62 °C przez 30 min. Do badania surowic bawołu zaleca się wykonanie testu na obecność rivanolu. Test ELISA nie został szeroko oceniony dla większości tych gatunków, ale jest potencjalnie użyteczny pod warunkiem odpowiedniej standaryzacji (Young, 1990).

- ❖ **Psy**

Zakażenia *B. abortus, B. melitensis* i *B. suis* u psów mogą zostać zdiagnozowane przy użyciu procedur opisanych dla bydła, z wyjątkiem testu ELISA, który nie został szeroko oceniony u psów. W przypadku zarażenia B. *canis* najbardziej wiarygodną procedurą jest izolacja tych organizmów. Ponieważ przetrwała bakteriemia jest powszechna, użyteczną procedurą jest posiew krwi. Testy serologiczne są mniej zadowalające. Muszą one wykorzystywać antygeny przygotowane ze szczepów *B. canis* lub *B. ovis*, ponieważ antygeny powierzchniowe gładkich *Brucella* spp. *nie* reagują z nimi krzyżowo. Test ELISA jest prawdopodobnie najbardziej użyteczną procedurą, ale nie jest powszechnie dostępny (Young, 1990).

Tak więc, kluczowe punkty diagnostyki brucelozy u zwierząt są następujące:

- Hodowla *Brucelli* z materiału aborcyjnego, mleka lub tkanek pobranych podczas sekcji zwłok pozwala na postawienie ostatecznej diagnozy.

- Serologia jest zazwyczaj najbardziej praktyczną metodą.

- Bydło: RBT jest zalecany do badań przesiewowych; ELISA lub wiązanie dopełniacza są zalecane w celu potwierdzenia zakażenia u poszczególnych zwierząt. Badania przesiewowe próbek mleka za pomocą próby pierścieniowej mleka lub odczynu ELISA są użyteczne dla celów nadzoru.

- Owce, kozy i świnie: żadne pojedyncze badanie serologiczne nie jest wiarygodne dla potwierdzenia zakażenia u poszczególnych zwierząt. Badania serologiczne powinny być stosowane w odniesieniu do danego stada. Podobnie, badanie skórne jest użyteczne w przypadku badań przesiewowych na poziomie stada, zwłaszcza jeśli nie stosuje się szczepień.

- Antygen "szorstki specyficzny" musi być użyty dla *B. canis*

  Serologia.

Leczenie:

Istotnym elementem w leczeniu wszystkich form brucelozy u ludzi jest podawanie skutecznych antybiotyków przez odpowiednio długi okres czasu. Powinno się to odbywać w ramach ogólnego nadzoru medycznego, a w przypadku ciężko chorych najlepiej jest przeprowadzać je w szpitalu, jeżeli pozwalają na to okoliczności. Leczenie antybiotykami powinno być wdrożone na jak najwcześniejszym etapie, nawet u pacjentów, którzy wydają się wykazywać spontaniczną poprawę. U tych pacjentów, u których występują powikłania, konieczne będzie dodatkowe leczenie, w tym w niektórych przypadkach interwencja chirurgiczna.

Nieskomplikowana ostra bruceloza prawie zawsze dobrze reaguje na odpowiednie leczenie antybiotykami. Pacjenci i ich rodziny powinni być pewni, że w przypadku brucelozy u ludzi zwykle następuje pełny powrót do zdrowia klinicznego i bakteriologicznego.

Różne leki przeciwdrobnoustrojowe działają in vitro przeciwko gatunkowi

Brucelli, jednak wyniki rutynowych testów wrażliwości nie zawsze korelują z kliniczną skutecznością. W związku z tym antybiotyki beta-laktamowe, takie jak penicyliny i cefalosporyny, oraz antybiotyki makrolidowe, takie jak erytromycyna, wiążą się z niedopuszczalnie wysokimi wskaźnikami nawrotów choroby, gdy są stosowane w leczeniu pacjentów z brucelozą. Chociaż nowsze makrolidy, takie jak azytromycyna i klarytromycyna, są bardziej aktywne in vitro niż erytromycyna, nie wykazały one wyższości nad obecnymi schematami leczenia pacjentów z brucelozą, a ich rola w terapii pozostaje do ustalenia (WHO, 2006).

Ze względu na wewnątrzkomórkową lokalizację *Brucelli* i jej zdolność do adaptacji do warunków środowiskowych spotykanych w jej niszy replikacyjnej, np. makrofag (Seleem *i in.*, 2008), wskaźniki niepowodzeń w leczeniu i nawrotów choroby są wysokie i zależą od kombinacji leków i przestrzegania zaleceń przez pacjentów. Optymalnym sposobem leczenia brucelozy jest schemat łączenia dwóch antybiotyków, ponieważ monoterapie z użyciem pojedynczych antybiotyków wiążą się z wysokimi wskaźnikami nawrotów (Pappas *i in.*, 2005b i 2006a oraz Seleem *i in.*, 2009).

Tetracykliny

Tetracyklina (500 mg co sześć godzin doustnie) podawana przez co najmniej sześć tygodni od dawna jest standardowym sposobem leczenia brucelozy u ludzi. Doksycyklina (długo działający analog tetracykliny) jest obecnie preferowanym lekiem, ponieważ może być podawany raz lub dwa razy dziennie, i jest związany z mniej działań niepożądanych z przewodu pokarmowego niż tetracykliny. Doksycyklina jest podawana w dawce 100 mg co 12 godzin doustnie i jest podawana przez okres sześciu tygodni.

Aminoglikozydy

Ponieważ częstość nawrotów przy podawaniu samej tetracykliny lub doksycykliny utrzymuje się w granicach 10-20%, większość organów zaleca podawanie aminoglikozydów oprócz tetracyklin przez pierwsze dwa do trzech tygodni terapii. Streptomycyna (1 g/dzień domięśniowo) podawana przez dwa do trzech tygodni jest od dawna aminoglikozydem z wyboru, jeśli jest stosowana w połączeniu z tetracykliną lub doksycykliną. Chociaż trudno jest udowodnić synergię między tymi dwoma lekami za pomocą rutynowych testów in vitro, badania nad zabijaniem bakterii wykazały, że gatunki *Brucelli ulegają* szybszemu zabijaniu w połączeniu niż za pomocą jednego z tych leków. Gentamycyna jest bardziej aktywna in vitro przeciwko *Brucelli gatunkowej* niż streptomycyna i w przypadku podania jej w jednej dawce dziennej wiąże się z kilkoma niepożądanymi efektami ubocznymi. Chociaż gentamycyklina, w dawce 5mg/kg/dzień dożylnie lub domięśniowo, podawana przez 7 do 10 dni w połączeniu z doksycykliną podawaną przez sześć tygodni, dała dobre wyniki w jednym badaniu, doświadczenie z tym schematem jest zbyt ograniczone, aby uzasadnić jej stosowanie w połączeniu z doksycykliną i streptomycyną. Niestety, nie opublikowano jeszcze żadnego bezpośredniego badania porównującego wyniki doksycykliny i streptomycyny z doksycykliną i gentamycykliną.

Do czasu zdobycia dodatkowego doświadczenia w stosowaniu gentamycyny zamiast streptomycyny, optymalna dawka i czas trwania terapii pozostają nieznane.

❖ Główna terapia alternatywna

Rifampicyna jest aktywna in vitro przeciwko gatunkowi *Brucella*, jest wybitnie rozpuszczalna w lipidach i gromadzi się w komórkach eukariotycznych. W celu zapewnienia całkowicie doustnego schematu leczenia brucelozy, w 1986 r. Komitet Ekspertów WHO zalecił połączenie doksycykliny (200 mg/dobę doustnie) z rifampicyną (600-900 mg/dobę doustnie), z obu leków podawanych przez sześć tygodni. W przypadku pacjentów z niepowikłaną brucelozą schemat ten okazał się na ogół podobny do doksycykliny i streptomycyny. Przy rozważaniu tego schematu zaleca się zachowanie ostrożności u pacjentów z powikłaniami, takimi jak zapalenie stawów kręgosłupa. Analiza różnych schematów leczenia wykazała, że ogólnie rzecz biorąc schemat doksycykliny i streptomycyny jest prawdopodobnie najbardziej skuteczny. Ponadto zgłoszono pewne dane wskazujące, że ryfampicyna może zwiększać klirens osoczowy doksycykliny, uzyskując w ten sposób poziom subterapeutyczny - możliwe wyjaśnienie niepowodzeń w leczeniu tym schematem.

Fluorochinolony: Antybiotyki fluorochinolonowe mają większą aktywność in vitro przeciwko gatunkowi *Brucella* niż rodzicielski lek - kwas nalidyksowy. Ponadto, są dobrze wchłaniane po podaniu doustnym i osiągają wysokie stężenia w komórkach fagocytarnych. Mimo, że minimalne stężenie chinolonów jest około czterokrotnie wyższe niż minimalne stężenie hamujące, stwierdzono brak aktywności bakteriobójczej na poziomie pH porównywalnym z poziomem stwierdzonym w komórkach. Ponadto, gdy chinolony były stosowane jako monoterapia u zwierząt doświadczalnych i ludzi zakażonych *Brucellą*, wskaźniki nawrotów były niedopuszczalnie wysokie. Dlatego chinolony powinny być zawsze stosowane w połączeniu z innymi lekami, takimi jak doksycyklina lub ryfampicyna.

Trimetoprim/sulfametoksazol (TMP/SMZ, ko-trimoksazol): TMP/SMZ w stałym stosunku 1:5 (80 mg TMP/400 mg SMZ) jest bardziej aktywny in vitro przeciwko gatunkom *Brucelli* niż którykolwiek z tych leków osobno. Chociaż wstępne badania z TMP/SMZ dały dobre wyniki, prospektywne, kontrolowane, porównawcze badania wykazały, że lek ten był związany z niedopuszczalnie wysokim wskaźnikiem nawrotów choroby. W związku z tym TMP/SMZ powinien być zawsze stosowany w połączeniu z innym środkiem, takim jak doksycyklina, ryfampicyna lub streptomycyna.

The combination of doxycycline with streptomycin (DS): this combination is currently the best therapeutic option with less side effects and less repses, especially in cases of acute and localized forms of brucellosis (Ersoy *et al.*, 2005; Alp *et al.*, 2006; Falagas and Bliziotis, 2006 and Seleem *et al.*, 2009). Ani sama streptomycyna, ani doksycyklina nie mogą zapobiec namnażaniu się wewnątrzkomórkowej *brucelozy* (Shasha *i in.*, 1994).

Mimo, że schemat DS jest uważany za złoty standard leczenia, jest on mniej praktyczny, ponieważ streptomycyna musi być podawana parenteralnie przez 3 tygodnie. Połączenie leczenia doksycykliną (czas trwania 6 tygodni) z podawaniem pozajelitowym gentamycyny (5 mg/kg) przez 7 dni jest uważane za akceptowalny schemat alternatywny (Glynn i Lynn, 2008).

Nadal jednak idealne leczenie brucelozy pozostaje nieuchwytne ze względu na spektrum i powikłania brucelozy oraz niemożność wyeliminowania *Brucelli* (Vrioni *i in.*, 2008). W celu uniknięcia niepowodzenia leczenia proponuje się jak najwcześniejsze rozpoczęcie leczenia, a nie monoterapii przez odpowiedni okres czasu (Skalsky *i in.*, 2008). Przeciwnie, przedłużony czas trwania leczenia i możliwe działania niepożądane mogą prowadzić do słabej zgodności, podczas gdy oporność na antybiotyki jest uważana za jedynie częściowo odpowiedzialną za niepowodzenie leczenia (Franco *i in.*, 2007).

W przypadku połączenia doksacykliny z rifampicyną istnieje ryzyko rozwoju oporności na rifampicynę na obszarach, gdzie zarówno bruceloza, jak i gruźlica są endemiczne, takich jak Arabia Saudyjska (Al-Tawfiq, 2008).

WHO w 1986 r., do leczenia ostrej brucelozy u dorosłych zalecał schemat terapeutyczny obejmujący: rifampicynę 600-900 mg plus doksycyklinę 100 mg przez 6 tygodni (Mantur i Amarnath, 2008). Niektóre badania wykazały, że połączenie doksycykliny jadalnej przez 45 dni z gentamycykliną domięśniową przez 7 dni ma taki sam wpływ jak doksycyklina przez 45 dni ze streptomycyną przez 14 dni (Hasanjani Roushan *i in.*, 2006). Niektórzy eksperci na temat pacjentów z brucelozą w wieku poniżej 60 lat z obwodowym zapaleniem stawów, zapaleniem błony śluzowej stawów i objawami epidydimoorchitis zaproponowali streptomycynę z doksycykliną lub połączenie gentamycykliny i doksycykliny dla pacjentów powyżej 60 roku życia, podobnie jak te same objawy wymienione z połączeniem refampiny i doksycykliny (Hasanjani Roushan *i in.*, 2006). Ponadto, organizmy te są oporne na powyższe leki i powinny zostać określone.

- **Treatmentofcomplicatedbrucellosisorinspecial zgodnie z zaleceniami WHO, 2006 r:**
- **Spondylitis**

Powikłania kostno-stawowe brucelozy są częste, występują nawet w 40% przypadków u niektórych serii pacjentów. Niektóre objawy, takie jak zapalenie kości krzyżowych, nie wydają się wymagać specjalnego leczenia. Natomiast zapalenie stawów kręgosłupa i szpiku kostnego z towarzyszącymi mu powikłaniami, takimi jak ropnie para-kręgowe i zewnątrzoponowe, może wymagać przedłużonej terapii, np. kontynuowania doksycykliny przez osiem tygodni lub dłużej. Drenaż chirurgiczny jest rzadko konieczny.

- **Neurobruceloza**

Leczenie powikłań brucelozy w ośrodkowym układzie nerwowym stanowi szczególny problem ze względu na konieczność uzyskania wysokich stężeń leków w płynie mózgowo-rdzeniowym. Ponieważ tetracykliny i aminoglikozydy nie wnikają dobrze w barierę krew/mózg, zaleca się dodanie do standardowego schematu doksycykliny i streptomycyny leków, które to osiągają, takich jak rifampicyna czy współtrójoksazol. Optymalny czas trwania leczenia neuroboromelozy nie został określony, jednak większość organów zaleca co najmniej sześć do ośmiu tygodni, a być może dłużej, w zależności od odpowiedzi klinicznej.

- ***Brucella* endocarditis**

Chociaż śmierć z powodu brucelozy występuje w mniej niż 1% przypadków, powikłaniem najczęściej prowadzącym do śmierci jest infekcyjne zapalenie wsierdzia. Leczenie *Brucella* endocarditis stwarza szczególne problemy ze względu na konieczność osiągnięcia bakteriobójczych stężeń leków w obrębie roślinności zastawkowych. Ponadto, opóźnienia w postawieniu diagnozy często prowadzą do postępującego uszkodzenia zastawki. Z tych powodów często konieczna jest zarówno chemioterapia antybakteryjna, jak i chirurgiczna wymiana uszkodzonej zastawki. Połączenie doksycykliny z aminoglikozydem powoduje szybkie zabijanie bakterii, a rifampicyna lub ko-trimoksazol są stosowane ze względu na ich zdolność do penetracji błon komórkowych. Zaleca się długotrwałą terapię (co najmniej 8 tygodni), a w przypadku konieczności wymiany zastawki należy ją kontynuować przez kilka tygodni po zabiegu.

- **W czasie ciąży**

W przypadku szybkiego zdiagnozowania, terapia przeciwdrobnoustrojowa kobiet ciężarnych z brucelozą może uratować życie płodu. Kobiety w ciąży i matki karmiące stwarzają szczególne problemy w zakresie doboru odpowiednich leków. Wszystkie leki w różnym stopniu przenikają przez łożysko, narażając w ten sposób płód na potencjalne niepożądane działania leków. Tetracykliny są przeciwwskazane w ciąży ze względu na możliwość trwałego przebarwienia uzębienia płodu, a także podatność kobiet ciężarnych na indukowaną lekami martwicę wątroby i zapalenie trzustki. Potencjał teratogenny wielu leków, takich jak fluorochinolony, rifampicyna i co-trimoksazol, są po prostu nieznane. Toksyczność dla płodu zgłaszano u kobiet w ciąży leczonych streptomycyną, jednak nie ma doniesień o toksyczności gentamycyny. W związku z tym nie ustalono z całą pewnością optymalnej terapii brucelozy w okresie ciąży. W pojedynczych przypadkach z powodzeniem stosowano ko-trimoksazol. Inną alternatywą jest terapia ryfampicyną przez co najmniej 45 dni, w zależności od wyniku klinicznego.

- **<u>dzieci w wieku poniżej ośmiu lat</u>**

Optymalne leczenie brucelozy u noworodków i dzieci poniżej 8 roku życia nie zostało ostatecznie ustalone. Tetracykliny są przeciwwskazane ze względu na możliwość trwałego przebarwienia zębów mlecznych i zahamowania wzrostu kości. Doksycykliny wiążą się z wapniem w mniejszym stopniu niż inne tetracykliny i mogą stanowić mniejsze ryzyko, jednak nie ma badań, które potwierdziłyby to z całą pewnością. W związku z tym aminoglikozydy, co-trimoksazol i ryfampicyna są lekami ogólnie zalecanymi. Producenci nie zalecają stosowania kotrimoksazolu i ryfampicyny u małych dzieci, a częstość występowania nawrotów choroby jest wysoka w przypadku stosowania jednego z tych środków osobno. Zadowalające wyniki odnotowano w przypadku stosowania TMP/SMZ (8/40 mg/kg/dobę dwa razy dziennie doustnie) przez sześć tygodni oraz streptomycyny (30 mg/kg/dobę raz dziennie domięśniowo) przez trzy tygodnie lub gentamycyny (5 mg/kg/dobę raz dziennie dożylnie lub domięśniowo) podawanej przez trzy tygodnie.
7 do 10 dni. Alternatywy obejmują TMP/SMZ plus rifampicyna (15 mg/kg/dzień doustnie), każda podawana przez sześć tygodni, lub rifampicyna plus aminoglikozyd. Do czasu uzyskania dodatkowego doświadczenia w stosowaniu tych schematów nie jest możliwe określenie terapii z wyboru.

Profilaktyka w przypadkach po narażeniu

Wraz z rosnącym stosowaniem żywych szczepionek *Brucella* w celu uodpornienia bydła (*B. abortus* szczep 19 i RB 51) oraz owiec i kóz (*B. melitensis* szczep Rev 1), problem przypadkowego samokontroli przez weterynarzy jest powszechny. Większość zranień igłą szczepionką powoduje rany kłute, ale zwykle wstrzykiwana jest niewielka ilość szczepionki. Pozostaje jednak potencjalne ryzyko zakażenia i wskazane jest uzupełnienie miejscowej opieki nad ranami i tężcem (jeśli jest to wskazane) sześciotygodniowym przebiegiem doksycykliny. Należy zauważyć, że *B. abortus* RB 51 jest oporny na ryfampicynę. Natomiast opryskanie oczu (szczepienie spojówkowe) żywymi szczepionkami *Brucella* jest bardzo skuteczną metodą przenoszenia brucelozy. W związku z tym, w przypadku wypadków związanych ze stosowaniem szczepionki na drodze spojówkowej, zaleca się miejscową pielęgnację oczu oraz podanie jednego lub dwóch leków na cały sześciotygodniowy cykl. Ponadto, surowica powinna być badana na obecność przeciwciał przeciwko *Brucelli tak* szybko, jak to możliwe po wypadku, aby stanowić punkt odniesienia dla dalszych działań w przypadku wystąpienia objawów (Madkour, 2001).

Szczepionki i środki pobudzające układ odpornościowy

Nie ma przekonujących dowodów na korzyści płynące z podawania szczepionek *Brucella* lub preparatów antygenowych, ani na stosowanie modulatorów układu odpornościowego, takich jak lewamizol, w leczeniu brucelozy u ludzi. Należy zachować ostrożność przy stosowaniu środków przeciwzapalnych w przypadku lokalnych powikłań. W miarę możliwości należy zasięgnąć porady specjalisty (Corbel, 1999).

Tak więc, możemy podsumować następujące kluczowe punkty w leczeniu brucelozy

- Istotnym elementem w leczeniu wszystkich form brucelozy u ludzi jest podawanie skutecznych antybiotyków przez odpowiednio długi okres czasu.
- Leczenie przypadków nieskomplikowanych u dorosłych i dzieci w wieku od ośmiu lat: doksycyklina 100 mg dwa razy dziennie przez sześć tygodni + streptomycyna 1 g dziennie przez dwa do trzech tygodni.

LUB

- Doksycyklina 100 mg dwa razy dziennie przez sześć tygodni + rifampicyna 600-

900 mg dziennie przez sześć tygodni.

Zapobieganie:

❖ U ludzi

Ponieważ ostatecznym źródłem brucelozy u ludzi jest bezpośrednie lub pośrednie narażenie na zakażone zwierzęta lub ich produkty, zapobieganie musi opierać się na wyeliminowaniu takiego kontaktu. Oczywistym sposobem na wyeliminowanie tej choroby ze zwierząt jest często przekroczenie zasobów finansowych i ludzkich wielu krajów rozwijających się. Techniczne i społeczne trudności związane z likwidacją *B. melitensis* u małych przeżuwaczy obciążyły nawet zasoby niektórych krajów rozwiniętych. W wielu sytuacjach istnieje niewielka alternatywa, ale próba zminimalizowania wpływu choroby i zmniejszenia ryzyka zakażenia poprzez higienę osobistą, przyjęcie bezpiecznych praktyk pracy, ochronę środowiska i higienę żywności. Brak bezpiecznych, skutecznych, powszechnie dostępnych szczepionek zatwierdzonych do stosowania u ludzi oznacza, że profilaktyka odgrywa obecnie niewielką rolę w zapobieganiu chorobom człowieka.
W krajach uprzemysłowionych i innych, gdzie hodowla zwierząt prowadzona jest w stałych warunkach, głównymi źródłami zakażenia są narażenie zawodowe i spożycie zanieczyszczonych produktów spożywczych.

W warunkach hodowli nomadycznej lub wędrownej lub w małych tradycyjnych gospodarstwach rolnych zróżnicowanie źródeł zakażenia jest znacznie mniejsze a wszystkie grupy ludności mogą być narażone na zakażenie w wyniku bezpośredniego kontaktu ze zwierzętami lub z zanieczyszczoną żywnością. Chociaż praktyka stosowania nawet podstawowych środków ostrożności w zakresie higieny może być trudna dla populacji żyjących w warunkach prymitywnych, w szczególności na obszarach suchych lub półsuchych, przestrzeganie niektórych podstawowych środków może znacznie zmniejszyć ryzyko wystąpienia brucelozy.

Poniższe środki są zgodne z zaleceniami WHO:

- **Higiena pracy**

Do grup, w których ryzyko zawodowe zakażenia jest największe, należą te, których praca powoduje bezpośredni kontakt z zakażonymi zwierzętami lub ich produktami. Należą do nich rolnicy, hodowcy, pasterze, bogowie, pracownicy ubojni, rzeźnicy, mleczarze, sztuczni inseminatorzy, weterynarze oraz osoby zajmujące się przetwarzaniem wnętrzności, skór, wełny i skór. Osoby zaangażowane w konserwację budynków lub sprzętu używanego do tych celów również mogą być narażone na ryzyko. Dodatkowa ważna kategoria obejmuje pracowników laboratoryjnych, którzy mogą być narażeni na kontakt z zakażonymi próbkami i hodowlą *Brucelli, na* przykład podczas procedur diagnostycznych lub produkcji szczepionki. Produkcja i stosowanie żywych szczepionek również wiąże się z pewnym ryzykiem.

- **Higiena osobista**

Wszystkie osoby wykonujące procedury wysokiego ryzyka, które obejmują kontakt ze zwierzętami cierpiącymi na brucelozę lub podejrzewanymi o brucelozę, powinny nosić odpowiednią odzież ochronną. Obejmuje ona fartuch ogólny lub płaszcz, gumowy lub plastikowy, gumowe rękawiczki i buty oraz ochronę oczu (osłona twarzy, gogle lub maska oddechowa). Ryzyko zakażenia jest największe w przypadku poronienia lub poronienia zwierząt, jednak czynności niebezpieczne obejmują również kontakt z zakażonymi zwierzętami w innych okolicznościach, takich jak strzyżenie, zanurzenie, badanie kliniczne, szczepienia i leczenie oraz dezynfekcję i czyszczenie skażonych pomieszczeń. Odzież robocza powinna być zarezerwowana do tego celu i przechowywana w pomieszczeniach. Powinny być one dezynfekowane po użyciu poprzez obróbkę termiczną (gotowanie lub parowanie), fumigację formaldehydem lub moczenie w roztworze środka dezynfekującego o odpowiednim stężeniu (jodofor, mydło fenolowe, chloramina lub podchloryn). Szczególną uwagę należy zwrócić na dezynfekcję obuwia, aby zapewnić, że infekcja nie zostanie przeniesiona poza teren obiektu, do domu lub namiotu. Najlepiej byłoby, gdyby pracownicy mieli dostęp do pełnych urządzeń do mycia lub brania prysznica. Co najmniej ręce powinny być spłukane w 1% roztworze chloraminy (lub innym zatwierdzonym środku dezynfekującym), umyte w wodzie i mydle, a następnie zabezpieczone kremem emolientowym. Wszelkie powierzchowne urazy, takie jak skaleczenia lub zadrapania należy zabezpieczyć środkiem antyseptycznym, np. nalewką z jodu, i przykryć bandażem lub opatrunkiem samoprzylepnym. Ochrona oczu jest szczególnie ważna, ponieważ zakażenie spojówek niesie ze sobą wysokie ryzyko infekcji. Jeżeli materiał zakaźny dostanie się do oka, należy go usunąć w warunkach czystych lub aseptycznych, z dala od miejsca pracy. Oko należy dokładnie przepłukać bieżącą wodą i zastosować krople do oczu w postaci chloramfenikolu lub tetracykliny lub maści. Skażenie dróg oddechowych jest również wysokim ryzykiem w silnie zainfekowanym środowisku. Należy zapobiegać wdychaniu pyłu lub aerozoli pochodzących z wysuszonych odchodów lub tkanek uwolnionych podczas aborcji, poronienia lub uboju, poprzez stosowanie odpowiednich masek oddechowych. Filtry, które muszą być zdolne do zatrzymywania bakterii, powinny być regularnie wymieniane, a sam sprzęt powinien być dezynfekowany przez chemiczną lub wilgotną obróbkę cieplną. Najlepiej byłoby, gdyby personel był pod nadzorem lekarskim z okresowymi badaniami serologicznymi. Zdecydowanie zaleca się, aby przed rozpoczęciem pracy nowy personel dostarczył podstawową próbkę krwi. Każdy przypadek wystąpienia choroby klinicznej powinien być niezwłocznie leczony. Młode osoby poniżej 18 roku życia i kobiety w ciąży powinny być wykluczone z zawodów wysokiego ryzyka.

Zapobieganie brucelozie podczas podróży:

Jedzenie jest oczywiście ważnym doświadczeniem w każdej podróży. Wielu podróżników chętnie eksperymentuje z nowymi potrawami, napojami i egzotycznymi przetworami spożywczymi. Szczególnie, gdy próbują zdobyć "naturalne" jedzenie prosto z gospodarstwa, wystawiają się na działanie *Brucelli*, wśród wielu innych patogenów (Memish i Balkhy, 2004).

W Królestwie Arabii Saudyjskiej, na przykład, mleko wielbłądzie może być sprzedawane na głównych ulicach i jest uważane za przysmak. Ze względu na zwiększoną świeżość mleko wielbłądzie jest dostarczane w postaci spienionej i ciepłej od wielbłąda. Kempingowiczom przebywającym na pustyni jest jeszcze łatwiej znaleźć dostawców takiego rodzaju mleka wielbłądziego lub koziego. W innych częściach Bliskiego Wschodu świeży ser kozi może być sprzedawany w supermarketach. Gdyby takie sery były kupowane i spożywane bez gotowania, istniałoby duże prawdopodobieństwo przeniesienia choroby (Memish and Balkhy, 2004).

Podróżnym należy uświadomić, że po pierwsze, organizm *Brucelli* może utrzymywać się przez kilka dni w mleku, aż stanie się kwaśny, gdy kwasowość zabije organizm, a po drugie, że organizm znany jest z tego, że kwitnie w miękkim, świeżym kozim lub owczym serze. Organizm może również utrzymywać się przez 4

tygodnie w lodach i przez kilka miesięcy w maśle (Young, 1989 i Komisja Europejska, 2001).

W przypadku tych podróżnych, którzy mogą mieć kontakt z żywymi lub martwymi zwierzętami, zakażenie może być przenoszone za pośrednictwem aerozoli pochodzących z zakażonych produktów ubojni lub poprzez bezpośredni kontakt z zakażonymi zwierzętami, ich produktami poczęcia, takimi jak łożysko i płód, jeżeli na skórze występują otarcia. Jeśli taki kontakt jest nieuniknionym, należy poinformować podróżnego, aby w momencie kontaktu ze zwierzęciem stosował sprzęt ochronny. Należy jednak pamiętać, że mimo stosowania środków ochrony, może dojść do infekcji. Powodem tego jest fakt, że organizm może przetrwać w glebie przez kilka godzin, pomimo ekspozycji na słońce, ale znacznie dłużej w cieniu. W wilgotnej, skażonej gnojem glebie, jak również w wodzie wodociągowej, organizm może przetrwać kilka tygodni (Komisja Europejska, 2001).

- **Warunki sanitarne w gospodarstwie rolnym**

Pracownicy gospodarstw rolnych, a w szczególności osoby obsługujące zwierzęta, powinni nosić odpowiednią odzież ochronną, jeżeli kontakt z zakażonymi zwierzętami jest prawdopodobny lub jeżeli istnieje prawdopodobieństwo, że środowisko zostało skażone wydalinami, poronieniami lub produktami poronień zwierząt z brucelozą. Jest to szczególnie ważne w przypadku kontaktu ze zwierzętami poronionymi lub rodzącymi, w przypadku gdy wydalanie organizmów brucelozy osiągnie maksymalny poziom. Poronione płody, łożyska i zanieczyszczona ściółka powinny być gromadzone w szczelnych pojemnikach i usuwane najlepiej poprzez spalenie. Głębokie grzebanie w świeżo zmarszczonym wapnie w miejscach oddalonych od cieków wodnych jest dopuszczalną alternatywą. Każde miejsce, w którym doszło do aborcji lub zakażonego poronienia, należy umyć zatwierdzonym środkiem dezynfekującym (podchloryn, jodofor

lub dezynfektant fenolowy o zalecanej sile roboczej).
Narzędzia stosowane w gospodarstwie do obchodzenia się z zanieczyszczonym materiałem powinny być dezynfekowane po użyciu poprzez zanurzenie w odpowiednim środku dezynfekującym (jodoforze, mydle fenolowym lub rozcieńczonej sodzie kaustycznej). Gnój powinien być codziennie usuwany i przechowywany w odosobnionym miejscu aż do momentu, gdy stanie się bezpieczny w wyniku naturalnego rozkładu (będzie to prawdopodobnie wymagało około jednego roku) lub spalony lub nasączony środkiem dezynfekującym przed usunięciem. Gnojowica może pozostać zakażona przez długi czas, szczególnie w niskich temperaturach. Zniszczenie organizmów *Brucelli można przyspieszyć* przez dodanie cyjanamidu wapnia lub ksylenu, ale materiał powinien być przechowywany przez co najmniej sześć miesięcy. Pojazdy wjeżdżające do zainfekowanych pomieszczeń lub je opuszczające powinny przechodzić przez płytkie koryta ze środkiem dezynfekującym lub nad słomą lub pianką z tworzywa sztucznego nasączoną zatwierdzonym środkiem dezynfekującym. Pomieszczenia, w których przebywały zwierzęta *zakażone Brucella,* nie powinny być ponownie magazynowane przed upływem co najmniej czterech tygodni między czyszczeniem a dezynfekcją. Pracownicy obsługi technicznej (np. budowniczowie, hydraulicy, elektrycy) nie powinni być wpuszczani do pomieszczeń, które nie zostały odkażone. Budynki powinny być utrzymywane w stanie uniemożliwiającym łatwy dostęp szkodników. Należy stosować środki zwalczania gryzoni oraz ograniczyć do minimum inwazję owadów poprzez stosowanie ekranów ochronnych na muchy, pułapek świetlnych i środków owadobójczych.

- **Preventionofbrucellosisundernomadicor warunki migracyjne**

Nawet w niektórych krajach rozwiniętych hodowla owiec i kóz jest często praktykowana w warunkach półnadciśnieniowych. Nie nadają się one łatwo do zastosowania środków higienicznych wskazanych dla gospodarstw. Sytuacja jest jeszcze trudniejsza, gdy hodowla zwierząt jest prowadzona na całkowicie nomadyczne w warunkach jałowych lub półjałowych. W tych okolicznościach rzadko możliwe jest stosowanie praktyk higienicznych w zakresie wymaganym do zapobiegania zakażeniom. Można jednak podjąć kroki w celu zmniejszenia wpływu choroby poprzez edukowanie populacji w zakresie charakteru choroby i sposobu jej przenoszenia. W takich społeczeństwach większość dorosłej populacji będzie już narażona na brucelozę i prawdopodobnie będzie miała pewien stopień odporności. Choroba ma zatem największy wpływ na dzieci, którym należy zapobiegać kontaktom z noworodkami lub tymi, które niedawno poroniły lub urodziły. Chociaż tradycje kulturowe mogą być trudne do zmiany, należy zniechęcać do spożywania surowego mleka, krwi lub niegotowanego mięsa lub podrobów. Szczepienia są często jedynym środkiem, który może być zastosowany wobec takich populacji. Jednakże obecnie nie są dostępne w pełni zadowalające szczepionki.

- **Higieniczne środki ostrożności w przetwórstwie mięsa**

Zakłady i zakłady utylizacyjne Owce, kozy i bydło zarażone

B. melitensis lub *B. abortus* i świnie zarażone *B. suis* są szczególnie niebezpieczne na etapie uboju. W fazie bakterioemicznej choroby bakterie te są szeroko rozpowszechnione w tkankach. Gruczoły sutkowe, macica i jądra mogą być szczególnie mocno zakażone. Zwierzęta, które niedawno poroniły lub urodziły, mogą mieć również rozległe zakażenie zewnętrzne. Bydło zarażone *B. melitensis*, szczególnie jeśli jest w ciąży lub w mleku, może wyrzucać ogromne ilości bakterii przy otwieraniu macicy lub wymion i stanowić poważne zagrożenie dla pracowników rzeźni. Zaleca się wysuszenie takich zwierząt przed ubojem lub, jeżeli nie jest to możliwe, spalenie całej tuszy. Jeżeli wiadomo, że zwierzęta zostały zakażone *Brucellą*, powinny zostać ubite w wyznaczonych do tego celu ubojniach, w których personel został specjalnie przeszkolony i wyposażony, aby poradzić sobie z zagrożeniem. Mężczyźni dokonujący uboju powinni nosić pełną odzież ochronną, w tym wodoodporne kombinezony lub fartuchy, buty, respiratory i gogle lub osłony twarzy. Należy nosić gumowe rękawiczki i ochraniacze na łańcuchy w celu ochrony przed przypadkowym skaleczeniem. Należy zakazać jedzenia, picia i palenia tytoniu w miejscu pracy . Należy zapewnić odpowiednie urządzenia do dezynfekcji odzieży ochronnej, narzędzi i prania osobistego. W przypadku braku specjalnie wyznaczonych rzeźni, ubój zakażonych zwierząt powinien odbywać się pod koniec dnia roboczego, po zakończeniu uboju zwierząt zdrowych. Tkanki, które mogą być silnie zarażone, takie jak wymiona i genitalia, powinny zostać zniszczone. Na koniec każdego dnia roboczego należy przeprowadzić pełne czyszczenie i dezynfekcję pomieszczeń i sprzętu. Tkanki zwierzęce i odpady do usunięcia powinny być przechowywane w szczelnych pojemnikach, takich jak plastikowe torby. Zaleca się spalanie takich materiałów. Wejście na teren obiektu powinno być ograniczone do pracowników. Młodym osobom poniżej 18 roku życia oraz kobietom w ciąży nie należy zezwalać na wstęp. O ile to możliwe, pracownicy powinni być rekrutowani spośród osób, o których wiadomo, że mają dowody serologiczne na wcześniejsze narażenie na działanie *Brucelli.* Personel powinien być nadzorowany przez lekarza i poddawany antybiotykoterapii u wszystkich osób, u których wystąpią objawy brucelozy. Wszyscy pracownicy, a zwłaszcza kobiety w wieku rozrodczym, muszą być informowani o ryzyku związanym z zakażeniem *Brucellą.* Pracownikom należy przedstawić informacje dotyczące stanów chorobowych mających wpływ na stan odporności (np. ciąża, leki immunosupresyjne, nowotwory itp.). Pracowników należy zachęcać do samodzielnej identyfikacji z organem medycznym/opiekunem medycznym organizacji, aby mogli oni otrzymać odpowiednie porady i wskazówki medyczne. Edukacja w zakresie bezpiecznych i higienicznych praktyk pracy i praktyk ontainmentowych powinny być stałe i są szczególnie ważne dla nowych pracowników.

- **Środki bezpieczeństwa w laboratorium**

Środki ostrożności wymagane przy obchodzeniu się z materiałami, które mogą zawierać patogenne *brucelozy,* należą do grupy ryzyka WHO 3, tj. patogeny, które stanowią wysokie ryzyko dla danego pracownika, ale tylko niskie ryzyko dla społeczności. Bruceloza jest w rzeczywistości jedną z najłatwiej nabytych infekcji laboratoryjnych. Stopień ryzyka jest różny, nie tylko ze względu na zjadliwość organizmu, *B. melitensis* i *B. suis, które są* najbardziej niebezpieczne dla ludzi, ale także ze względu na liczbę bakterii w obrabianym materiale. Próbki krwi i materiał do biopsji do diagnozy serologicznej lub bakteriologicznej rzadko zawierają *Brucellae* w wystarczającej ilości, aby stanowić znaczące ryzyko dla personelu, który się nimi zajmuje, ale nadal należy obchodzić się z nimi ostrożnie na poziomie bezpieczeństwa biologicznego 2. Zazwyczaj będą one rozpatrywane w ogólnych sekcjach diagnostycznych wraz z próbkami, które mogą zawierać inne patogeny ludzkie. Jednakże, po wyhodowaniu *Brucellae* w hodowli, obecna jest niebezpieczna liczba organizmów i wymagane są ścisłe środki ostrożności. Jednocześnie wymagane są urządzenia, praktyki i procedury poziomu bezpieczeństwa biologicznego 3. To samo dotyczy postępowania z produktami porodowymi pochodzącymi od zwierząt. Próbki zakrzepłej krwi stanowią niewielkie ryzyko, a próbki mleka tylko niewielkie ryzyko. Membrany, tkanki płodowe i płyny mogą zawierać do >109 komórek brucelozy na gram, a podobną liczbę można napotkać podczas obchodzenia się z hodowlą w laboratorium. Do obchodzenia się z tym niebezpiecznym materiałem mają zastosowanie opisane poniżej środki ostrożności. W celu pełniejszego obchodzenia się z przedmiotowym materiałem należy zapoznać się z *Podręcznikiem Bezpieczeństwa Biologicznego Laboratoriów WHO* (wyd. 3); zawiera on wiele cennych informacji na temat bezpieczeństwa biologicznego w laboratorium oraz bibliografię przedmiotu.

- **Wymagania fizyczne dotyczące laboratoryjnego postępowania z czynnikami chorobotwórczymi**

Brucellae

Podczas pracy z hodowlą i innymi materiałami o potencjalnie wysokim stopniu zmętnienia, takimi jak błony, tkanki płodowe i płyny, należy zachować ostrożność w zakresie poziomu bezpieczeństwa biologicznego 3. Wymagane jest oddzielne pomieszczenie z tylko jednym wejściem; przy wejściu należy umieścić w widocznym miejscu informację o zagrożeniu biologicznym, zabraniającą wstępu osobom nieupoważnionym. Idealnie byłoby, gdyby pomieszczenie posiadało dwuskrzydłowe wejście zaprojektowane tak, aby zapewnić śluzę powietrzną. Wentylacja powinna być tak zaprojektowana, aby utrzymać ciśnienie w pomieszczeniu na poziomie nieco niższym niż otoczenie. Powietrze z pomieszczenia powinno być odprowadzane na zewnątrz, z dala od wlotów powietrza i otwartych okien, w przeciwnym razie musi być sterylizowane przez filtrację lub obróbkę cieplną. Ściany powinny być nieprzepuszczalne, a wszystkie okna uszczelnione, aby umożliwić dezynfekcję i fumigację; należy je zabezpieczyć przed zakażeniem gryzoniami lub owadami. Pomieszczenie musi być wyposażone w prawidłowo zainstalowaną i przetestowaną szafę bezpieczeństwa biologicznego klasy II lub III. Wywiew powietrza z szafki powinien być tak zorganizowany, aby uniknąć zakłócenia równowagi powietrza w pomieszczeniu lub w szafce po jej włączeniu. Pomieszczenie powinno być wyposażone w zlew, autoklaw i wystarczającą ilość miejsca w inkubatorze dla wszystkich wymagań dotyczących hodowli. W pobliżu wyjścia muszą znajdować się urządzenia do mycia rąk.

- **Szafy bezpieczeństwa biologicznego**

Patrz *Podręcznik bezpieczeństwa biologicznego w laboratoriach WHO,* wydanie 3. Odpowiednie użyteczne informacje na temat doboru i stosowania szaf bezpieczeństwa biologicznego.

- **Ogólne środki ostrożności**

Ponieważ bruceloza została udokumentowana jako jedna z najczęściej nabytych infekcji laboratoryjnych, nie można przecenić znaczenia stosowania odpowiednich praktyk i urządzeń w zakresie bezpieczeństwa biologicznego. Każde laboratorium powinno posiadać pisemne procedury dotyczące użytkowania sprzętu (w szczególności sprzętu, który może generować aerozole); dezynfekcji sprzętu i skażonych materiałów, postępowania z próbkami i ich przetwarzania; zapobiegania wyciekom i czyszczenia; oraz postępowania z odpadami. Procedury te powinny być jasno i zwięźle napisane, łatwo dostępne i rygorystycznie przestrzegane. Jak wcześniej wspomniano, poziom bezpieczeństwa biologicznego 3 jest odpowiedni do postępowania z hodowlą *Brucelli* lub zakażonymi błonami, tkankami płodowymi i płynami.

- **Środki dotyczące określonych procesów laboratoryjnych**

W produkcji antygenów powinny być używane szczepy o niskiej zjadliwości, takie jak *B. abortus szczep* 1119-31, szczep 191, 2 lub szczep 992; mają one tę dodatkową zaletę, że nie wymagają dodawania CO_2 do wzrostu. Wirówki mogą powodować niebezpieczne aerozole, szczególnie gdy probówki zawierające zjadliwe bakterie pękają. Rurki szklane nie powinny być używane do materiałów zjadliwych, zamiast tego zaleca się stosowanie rurek poliwęglanowych ze ściśle dopasowanymi pokrywami z zakrętkami. W przypadku konieczności odwirowania materiałów zjadliwych, pojemniki należy załadować i rozładować wewnątrz szafy zagrożenia biologicznego. Wirówki z przepływem ciągłym nie należy używać do wirowania szczepów wirulentnych. Wewnątrz komory należy używać homogenizatorów elektrycznych, stomacherów, sonicatorów i podobnych urządzeń. Z wyjątkiem materiałów rażąco zanieczyszczonych, preferowaną metodą diagnostyki bakteriologicznej jest hodowla bezpośrednia, a nie inokulacja zwierząt laboratoryjnych. W przypadku gdy wymagane jest zaszczepienie potencjalnie niebezpiecznych materiałów, należy stosować wyłącznie igły, które zamykają się na beczce strzykawki. Nie należy ponownie zakleszczać igieł przed ich usunięciem. Operatorzy powinni nosić odzież ochronną i maski oddechowe.

- **Zdrowie i nadzór medyczny**

Wszystkie osoby pracujące z zjadliwą *Brucellae* powinny być pod ścisłym nadzorem klinicznym i serologicznym. W niektórych krajach oferowane są profilaktyczne szczepienia ochronne dla osób z grup szczególnego ryzyka. Jednakże obecnie dostępne szczepionki mają niepewną skuteczność, a niektóre z nich mogą powodować niedopuszczalne reakcje.

- **Zapobieganie brucelozie przenoszonej drogą pokarmową**

Dla populacji ogólnej, która nie ma bezpośredniego kontaktu ze zwierzętami, największym potencjalnym źródłem brucelozy jest spożycie niepasteryzowanego mleka i produktów mlecznych. Mięso może być również istotnym źródłem zakażenia, szczególnie w hodowlach, w których preferowane jest spożywanie surowych lub niedogotowanych produktów mięsnych. Poniższe wytyczne są zgodne z wytycznymi USDA National Veterinary Services Laboratories and Veterinary Laboratories Agency)

- **Mleko i przetwory mleczne**

Mleko zakażonego bydła, owiec, kóz, bawołów, jaków, wielbłądów i reniferów może zawierać dużą ilość organizmów *brucelońskich.* Ponieważ dość duże ilości mogą być spożyte lub skoncentrowane w innych produktach, takich jak śmietana lub ser, stanowi ono szczególnie poważne zagrożenie. Sery miękkie przygotowane ze świeżego mleka mogą zawierać duże ilości organizmów *brucelońskich.* Przygotowywanie takich produktów z nieprzetworzonego mleka powinno być zdecydowanie odradzane. Jeżeli lokalne zwyczaje utrudniają osiągnięcie tego celu, ser powinien być przechowywany przez sześć miesięcy przed dopuszczeniem do spożycia. Sery twarde, które mogą być poddawane fermentacji propionowej i mlekowej, są zazwyczaj znacznie mniej niebezpieczne ze względu na zakwaszenie. Niepasteryzowana serwatka pozostała po produkcji serów może przenosić infekcje, jeśli będzie podawana zwierzętom. Może ona również zanieczyścić pojemniki używane do transportu innych materiałów, chyba że zostaną one odkażone przed użyciem. Podpuszczka używana do produkcji serów może również służyć jako źródło infekcji, jeżeli jest przygotowywana z żołądków zwierząt *zakażonych Brucella.* Masło, kwaśne mleko, kwaśna śmietana i jogurt również przechodzą procesy zakwaszania, które drastycznie zmniejszają zawartość *brucelli.* Jednakże kwasowość musi spaść poniżej pH 3,5, aby niezawodnie zabić bakterie. Lody przygotowane z zainfekowanego mleka mogą być szczególnie niebezpieczne, zwłaszcza że mleko z różnych źródeł może być mieszane w celu wytworzenia produktu. Całe użyte do tego celu mleko i śmietana powinny być poddane obróbce cieplnej. Gotowanie lub pasteryzacja w wysokiej temperaturze zabije *Brucellę* w mleku. Najlepiej byłoby, gdyby całe mleko wyprodukowane w miejscach, w których występuje bruceloza, zostało poddane pasteryzacji. Jeżeli urządzenia do pasteryzacji nie są dostępne, mleko należy podgrzać do minimalnej temperatury 80-85 °C i utrzymać ją na tym poziomie przez co najmniej kilka minut lub ugotować. Powinno mieć to zastosowanie do całego mleka przeznaczonego do spożycia przez ludzi, niezależnie od tego, czy jest ono pijane bez dalszej obróbki, czy też ma być wykorzystywane do wytwarzania innych produktów spożywczych.

Pasteryzacja zabija organizm, więc masło, ser lub lody powinny być wykonane z pasteryzowanego mleka. W wielu częściach świata, w masie, gdzie panuje silne przekonanie, że spożycie surowego mleka jest korzystne i lecznicze dla wielu chorób przewlekłych (Cooper, 1992).

Produkt	Gatunki *Brucella*	Temperatura (°C)	Czas przetrwania
Mleko	*B. porwania*	71.1	5–15 s
	B. porwania	38	< 9h 24 h
	B. porwania	25–37	18 miesięcy
	B. porwania	0	
Krem	*B. porwania*	4	6 tygodni
	B. melitensis	4	4 tygodnie
Lody	*B. porwania*	0	30 dni
Masło	*B. porwania*	8	142 dni
Ser Różne	*B. porwania*	-	6-57 dni
Różne	*B. melitensis*	-	15-100 dni
Feta	*B. melitensis*	-	4-16 dni
Pecorino	*B. melitensis*	-	< 90 dni
Roquefort	*B. porwania* *B. melitensis*	-	20-60 dni
Camembert	*B. porwania*	-	< 21 dni
Erythrean	*B. melitensis*	-	44 dni
Cheddar	*B. porwania*	-	6 miesięcy
Biały	*B. melitensis*	-	1-8 tygodni
Serwatka	*B. porwania*	17–24	<4 dni

o Mięso

Jest mało prawdopodobne, aby tkanka mięśniowa zawierała więcej niż niskie stężenia organizmów *Brucella*, a ich liczba uległa dalszemu zmniejszeniu, jeżeli mięso jest prawidłowo przechowywane przed spożyciem. Nerki, wątroba, śledziona, wymiona i jądra mogą zawierać znacznie większe ilości. Żaden z nich nie stanowi poważnego zagrożenia brucelozą, jeżeli jest dokładnie ugotowany. Jednakże w niektórych hodowlach, surowe lub niedogotowane mięso może być spożywane z wyboru. Taka praktyka oraz spożywanie świeżej krwi, samej lub zmieszanej z mlekiem, powinno być odradzane. Obchodzenie się z zakażonym mięsem i podrobami oraz ich przygotowywanie bez zachowania odpowiednich środków higienicznych może również prowadzić do zanieczyszczenia innych produktów spożywczych. Suszenie, solenie i wędzenie nie są niezawodnymi metodami zabijania *Brucelli*. Podobnie, organizmy te dobrze przeżywają w warunkach chłodzenia lub głębokiego zamrożenia. Zdecydowanie zaleca się, aby wszystkie produkty mięsne przed spożyciem były dokładnie ugotowane.

o Szczepionki (zgodnie z Podręcznikiem badań diagnostycznych i szczepionek dla zwierząt lądowych, OIE, 5. edycja)

Bezpieczne i skuteczne szczepionki służące do zapobiegania brucelozie u ludzi nie są ogólnie dostępne. Szczepienia odegrały jednak znaczącą rolę w zapobieganiu tej chorobie, w połączeniu z innymi środkami, w byłym ZSRR i w Chinach. Dwa żywe szczepy szczepionek atenuowanych były intensywnie stosowane na obszarach silnie zakażonych. *B. abortus* szczep 19- BA był stosowany od 1952 r. w byłym ZSRR. Szczepionka była podawana w dawce 1 x ^{109} komórek w postaci bliznowacenia skóry (droga epicutalna). Ochrona była skuteczna przez okres do jednego roku, ale z maksymalną skutecznością od pięciu do sześciu miesięcy po szczepieniu. W związku z tym, szczepienie było zazwyczaj zaplanowane na okres największego zachorowania na chorobę u zwierząt. Ogólnie rzecz biorąc, szczepionka była dobrze tolerowana u zdrowych osób dorosłych po podaniu drogą przezskórną. Reakcje miejscowe objawiające się hipercemią i stwardnieniem wystąpiły u 76% uodpornionych, natomiast reakcje ogólne charakteryzujące się bólem głowy, sennością i lekką gorączką wystąpiły u 3 do 7% zaszczepionych. Częstość występowania reakcji ogólnych była znacznie większa w przypadku tych, które wykazywały wcześniejsze narażenie na działanie *Brucelli.* Badania epidemiologiczne wykazały, że szczepionka skutecznie ograniczała zachorowalność w obszarach wysokiego ryzyka, a w zgłaszanych przypadkach ostrej brucelozy od 5 do 11 razy. Szczepionka indukowała jednak nadwrażliwość, zwłaszcza przy powtarzających się dawkach, i istniały liczne przeciwwskazania do szczepienia.

W Chinach stosuje się żywy atenuowany szczep *B. abortus* 104M. Podawano go w dawce 7-10 x $^{109\ \text{żywych}}$ komórek podanej drogą epikutalną. Szczep ten jest znacznie bardziej zjadliwy niż *B. abortus* 19-BA i poważne reakcje mogą wystąpić po podskórnym wstrzyknięciu. Wskazania do stosowania są podobne do tych dla szczepu 19-BA. Należy zachować ostrożność, aby uniknąć szczepienia osób, które mogły być uczulone na skutek wcześniejszego narażenia na działanie szczepionki lub naturalnego zakażenia. Te żywe szczepionki nie są obecnie dostępne ze źródeł, których produkcja i procedury kontroli jakości spełniałyby międzynarodowe normy. Ich dostępność i stosowanie jest obecnie dość ograniczone. W ostatnich latach większy nacisk położono na rozwój szczepionek nieżywych opartych na frakcjach subkomórkowych. Dwa z nich zostały poddane dość obszernym badaniom.

We Francji powstała frakcja peptydoglikanowa (PI) otrzymana jako nierozpuszczalna w fenolu pozostałość po ekstrakcji lipidowej komórek *B. melitensis* M15. Została ona następnie przygotowana z komórek B. *abortus* szczepu 19. Została ona wykorzystana w grupach narażonych zawodowo, w szczególności u pracowników laboratoryjnych.

Dwie dawki po 1 mg podawane są podskórnie, oddzielone w odstępie dwóch tygodni. Szczepionka jest nietoksyczna i rzadko wywołuje reakcje uogólnione. Jest bardzo słabo uczulająca i nie powoduje silnego uczulenia. Podaje się jednak, że powoduje nasilenie reakcji proliferacji limfocytów na antygeny *Brucelli,* które korelują z odpornością. Stwierdzono, że odpowiedź ochronna utrzymuje się do dwóch lat. Chociaż używać w wokoło 2000 osobników nad prawie dwa dekady, dowód skuteczność od kontrolowanych prób klinicznych jest niedostępny. Szczepionka nie jest obecnie produkowana.

Inna frakcja subkomórkowa, "Szczepionka chemiczna *Brucella*" (BCV), została opracowana w Rosji. Jest ona ekstrahowana z preparatów ścian komórkowych szczepu *B. abortus* 19-BA z kwasem octowym 0,1N i zawiera kompleks białkowo-polisacharydowy. Szczepionka podawana jest w dawkach 1 mg w domięśniowej iniekcji i pobudza tylko łagodne reakcje miejscowe i ogólne. Nie wywołuje silnych reakcji nadwrażliwości nawet u osób wcześniej na nią narażonych. Odporność ochronna jest porównywalna z tą, jaką daje żywy szczep 19-BA. Badania obejmujące stosowanie 75 000 dawek w Kazachstanie wykazały skuteczność na poziomie 79,6% dla BCV i 76,6% dla żywej szczepionki. Jednak w przypadku BCV prawdopodobieństwo wywołania nadwrażliwości przez skórę było co najmniej 2-4 razy mniejsze niż w przypadku szczepionki żywej. Powtarzalne dawki mogły być podawane po roku bez ryzyka wystąpienia poważnych reakcji nadwrażliwości. Wydaje się, że szczepionka ta zasługuje na dalszą ocenę w szerszym zakresie warunków.

Inne szczepionki są obecnie opracowywane, w tym żywe szczepy atenuowane z określonymi mutacjami atenuującymi oraz szczepionki koniugatowe LPS-protein.

Wreszcie, chociaż szczepionki przeciwko brucelozie zwierzęcej są dostępne w handlu, nie ma skutecznej i bezpiecznej szczepionki dla ludzi przeciwko zjadliwym zakażeniom *Brucella* (He i Xiang, 2010). Również chemoprofilaktyka nie jest generalnie zalecana w przypadku ewentualnego narażenia na chorobę endemiczną. W przypadku ataku biologicznego, maska M40 powinna odpowiednio chronić personel przed przenoszoną drogą powietrzną *Brucellą,* ponieważ organizmy te prawdopodobnie nie są w stanie wniknąć w nieuszkodzoną skórę. Po ewakuacji personelu z miejsca ataku, odzież, skóra i inne powierzchnie mogą zostać odkażone standardowymi środkami dezynfekcyjnymi, aby zminimalizować ryzyko zakażenia poprzez przypadkowe połknięcie lub wszczepienie spojówek organizmów żywych. Po potwierdzonym ataku biologicznym lub przypadkowej ekspozycji w laboratorium badawczym (USAMRIID, 2001) należy rozważyć 3- do 6-tygodniową terapię jedną z opcji terapeutycznych.

- **Aspekty zdrowia publicznego**

Z punktu widzenia zdrowia publicznego, główne źródła brucelozy są związane z żywnością lub są uzależnione od kontaktu z zakażonymi zwierzętami w kontakcie zawodowym lub rekreacyjnym. Przenoszenie się choroby z człowieka na człowieka nie stanowi istotnego problemu, z wyjątkiem przenoszenia krwi lub narządów, które powinno podlegać odpowiedniej kontroli. Zakażenie przenoszone drogą powietrzną lub kontaktową poprzez skażenie środowiska może stanowić istotny problem, gdy zakażone zwierzęta przechodzą przez gęsto zaludnione obszary, np. w drodze na rynek. Należy podjąć odpowiednie środki w celu rozwiązania tych problemów. Kluczowym środkiem do osiągnięcia tego celu jest edukacja ludności, a w szczególności osób bezpośrednio zaangażowanych w przemysł zwierzęcy i spożywczy. Wszystkie środki powinny być włączone do odpowiednio opracowanych i skutecznie wdrażanych programów kontroli. Ścisła współpraca między służbami zdrowia publicznego i służbami weterynaryjnymi, jak również innymi właściwymi agencjami, ma zasadnicze znaczenie dla osiągnięcia celów.

- **Publiczna edukacja zdrowotna**

Bezpieczeństwo żywności jest jednym z głównych filarów, na których opiera się ochrona zdrowia ludzkiego. Ludzie są zakażani przez *Brucellę* głównie poprzez niewłaściwie przygotowaną i/lub konserwowaną żywność pochodzenia zwierzęcego. Nie brakuje wiedzy naukowej na temat systemów, technologii i procedur, za pomocą których można wdrożyć bezpieczne przygotowywanie i spożywanie żywności. Przeciwnie, istnieje ogromna luka w wiedzy wśród ludności, zwłaszcza w krajach rozwijających się, na temat znaczenia bezpiecznego obchodzenia się z żywnością, jej gotowania i konserwowania. Ponadto właściciele zakładów przetwórstwa spożywczego często nie są zainteresowani znanymi zasadami bezpieczeństwa żywności, a nawet nie stosują ich prawidłowo. Choroby przenoszone przez żywność, w tym bruceloza, są przyczyną znacznej zachorowalności ludności w wielu częściach świata, co ma istotny wpływ przede wszystkim na małe dzieci i osoby starsze.

Oprócz ludzkiego cierpienia, choroby przenoszone drogą pokarmową powodują znaczne straty ekonomiczne. Obejmują one utratę dochodów i siły roboczej, koszty opieki medycznej, utratę żywności z powodu nieodpowiedniego przetwarzania lub zepsucia. Dlatego też edukacja w zakresie zdrowia publicznego powinna być włączona do podstawowych działań podejmowanych w ramach programów zwalczania brucelozy lub nawet jako niezależne działanie. Edukacja zdrowotna jest trudnym i niezwykle złożonym zadaniem. Nie może być uznana za skuteczną, jeśli nie zostaną uwzględnione szczególne względy odnoszące się do społeczności. Należą do nich: kultura, przekonania, tradycje, poziom wykształcenia, status społeczny, zawód, wiek, itp. Dlatego programy edukacji zdrowotnej powinny być skierowane do określonych grup społecznych. Powinny one obejmować lekarzy, weterynarzy i rolników, którzy mogą nie być w pełni świadomi tego problemu. Powinny być one ukierunkowane nie tylko na konkretne działania, ale także podkreślać odpowiedzialność jednostek za ochronę i poprawę zdrowia własnego i społeczności.

Kluczowymi celami są: umożliwienie jednostkom określenia własnych problemów i potrzeb; zrozumienie, co można zrobić, aby poradzić sobie z tymi problemami przy użyciu własnych zasobów i wsparcia zewnętrznego, oraz podjęcie decyzji o odpowiednich działaniach. Najlepiej jest to osiągnąć w kontekście szczegółowej wiedzy na temat kontekstu społecznego i środowiskowego.

- **Udział Wspólnoty**

Jest mało prawdopodobne, by programy w dziedzinie zdrowia odniosły sukces, jeśli udział społeczności lokalnych nie będzie integralną częścią struktury i realizacji tych programów na szczeblu lokalnym. Same ustawy, rozporządzenia i środki polityki weterynaryjnej nie przyniosą pożądanych rezultatów. Cała społeczność musi być zaangażowana poprzez edukację zdrowotną w szkołach, w miejscu pracy i w całej populacji.

Po pierwsze, im wyższy jest poziom samodzielności i świadomości społecznej, tym więcej osób i rodzin przyjmie na siebie odpowiedzialność za ochronę swoich zwierząt i siebie samych przed zagrożeniami chorobowymi przenoszonymi bezpośrednio, poprzez żywność pochodzenia zwierzęcego lub poprzez wektory środowiskowe lub fomity. Odpowiednie wspólnotowe programy edukacyjne powinny koncentrować się na tym, co ludzie mogą zrobić dla siebie, aby poprawić swoją własną sytuację zdrowotną.

Po drugie, członkowie społeczności powinni być zaangażowani w planowanie programów, które będą dotyczyły ich osobiście. Lokalni mieszkańcy znają lokalne struktury społeczne, lokalną sytuację, lokalne zasoby i lokalne potrzeby.

Po trzecie, członkowie społeczności powinni być w pełni zaangażowani jako uczestnicy wdrażania programów zdrowotnych w swoich społecznościach. Mają oni ważne zalety, takie jak mówienie w lokalnym dialekcie, umiejętność dotarcia do ludzi i zwierząt oraz cieszenie się społeczną akceptacją.
Nie ma jednego modelu promowania uczestnictwa w społeczności. Stopień zaangażowania społeczności w programy zwalczania chorób odzwierzęcych będzie różny w zależności od sytuacji i często jest silnie uzależniony od czynników społecznych, kulturowych, politycznych i ekonomicznych. Można przedstawić jedynie zasady przewodnie, które mogą być stosowane w różnych okolicznościach, pod warunkiem że będą one istniały w celu rozpoczęcia i podtrzymania wysiłków. Należy uświadomić ogółowi społeczeństwa, w szczególności społecznościom zamieszkującym obszary endemiczne, zagrożenie dla zdrowia oraz gospodarcze znaczenie chorób odzwierzęcych i chorób przenoszonych przez żywność. W miarę możliwości należy w pełni wykorzystać środki masowego przekazu. Należy wykorzystać wszystkie dostępne sposoby informowania każdej społeczności, ale skuteczną metodą jest dyskusja w małych grupach. W takich dyskusjach pracownik służby zdrowia (edukator) proponuje jakieś konkretne działania, na przykład utworzenie komitetów roboczych wkrótce po zakończeniu dyskusji. Takie komitety okazały się niezwykle użyteczne w początkowej fazie kilku programów kontrolnych.

- **Szkolenie pracowników służby zdrowia i nauczycieli szkolnych w zakresie publicznej edukacji zdrowotnej**

W miarę możliwości edukatorzy zdrowia powinni pochodzić ze społeczności, w której będą pracować. Każda osoba zaangażowana bezpośrednio lub pośrednio w program zwalczania chorób odzwierzęcych i odzwierzęcych przenoszonych przez żywność musi prowadzić publiczną edukację zdrowotną. Dlatego ważne jest, aby temat ten zajmował ważne miejsce w szkoleniu personelu. Szkolenie takie powinno być zaplanowane i najlepiej przeprowadzone przez specjalistę, który powinien również doradzać w zakresie wyboru odpowiednich metod edukacyjnych, przygotowania materiałów edukacyjnych dostosowanych do lokalnych warunków i wreszcie do poszczególnych etapów programu. Większość wybranych edukatorów zdrowia będzie już aktywna zawodowo i często będą to dobrzy specjaliści terenowi. Dlatego na kursach szkoleniowych lekcje akademickie powinny być drastycznie ograniczone, a inne techniki dydaktyczne najlepiej stosowane, które zapewniają bardziej aktywny udział. Przykładami takich technik są: rozwiązywanie problemów, studia przypadków, praca w małych grupach i odgrywanie ról. Szkoła stanowi najważniejszą sytuację edukacyjną dla dużej i znaczącej grupy ludności. Skuteczne nauczanie dzieci będzie miało wpływ nie tylko na ich własne życie, ale także na następne pokolenie. Na dzieci wpływ mają przede wszystkim dwa kanały - rodzice i nauczyciele. Muszą one informować o konieczności prowadzenia zdrowego trybu życia i nabywania zdrowych nawyków. Należy pamiętać, że wiele dzieci w wieku szkolnym i młodych ludzi z terenów endemicznych nie uczęszcza regularnie do szkoły. Dlatego też edukacja zdrowotna musi wykraczać poza środowisko szkolne, aby dotrzeć do grup znajdujących się w trudnej sytuacji edukacyjnej, do których często należą osoby z wysokim ryzykiem. Kolejnym ważnym miejscem dla edukacji zdrowotnej jest miejsce pracy. Pracownicy przemysłu spożywczego oraz kierownicy i właściciele zakładów przetwórstwa spożywczego powinni zostać poinstruowani o potencjalnych przyczynach chorób przenoszonych przez żywność i sposobach ich unikania.

Z powyższego można podkreślić, że zapobieganie brucelozie można najlepiej osiągnąć poprzez zminimalizowanie kontaktu człowieka z zakażonych zwierząt lub ich produktów. Mycie rąk, ochrona oczu, odzież ochronna, dezynfekcja narzędzi/powierzchni, ubój i zniszczenie zakażonych zwierząt to niektóre z ważniejszych środków, jakie należy podjąć w gospodarstwach i innych obiektach. Należy unikać spożycia surowego mleka i mięsa, aby zapobiec zakażeniu całej populacji. W celu wyizolowania *Brucelli* w laboratorium wymagane są środki ostrożności na poziomie bezpieczeństwa biologicznego 3 (Charissis i Vassalos, 2009).

Tak więc, możemy podsumować kluczowe punkty dotyczące zapobiegania brucelozie u ludzi, jak następuje:

- Zapobieganie kryzysowi związanemu z ludźmi w sprawie higieny pracy i higieny żywności.
- Szczepienie nie jest generalnie zalecane.
- Wszystkie produkty mleczne powinny być przygotowywane z mleka poddanego obróbce cieplnej.
- Należy unikać spożywania surowego mleka lub produktów wytwarzanych z surowego mleka.
- Mięso powinno być odpowiednio ugotowane.
- Szczególne środki ostrożności powinny być podejmowane przez pracowników laboratoriów.
- Lekarze i pracownicy służby zdrowia powinni być świadomi możliwości wystąpienia brucelozy.
- Edukacja w zakresie zdrowia publicznego powinna kłaść nacisk na higienę żywności i higienę pracy.

❖ Zapobieganie, kontrola i zwalczanie brucelozy u zwierząt

Uzasadnienie dla zapobiegania wprowadzeniu brucelozy do populacji zwierząt jest takie samo, jak uzasadnienie dla zwalczania choroby w już zakażonych populacjach: korzyści ekonomiczne i ochrona zdrowia publicznego.

Bruceloza jest zoonozą o silnej korelacji między chorobami zwierzęcymi i ludzkimi. Chociaż działania w zakresie zdrowia publicznego, takie jak pasteryzacja i edukacja, przynoszą różny stopień powodzenia, to jednak kontrola brucelozy, w tym stosowanie zasad epidemiologii i hodowli zwierząt, pozostaje przede wszystkim obowiązkiem weterynaryjnym.

Podejście do kontroli, zapobiegania lub zwalczania brucelozy w danym kraju lub regionie zależy od wielu czynników, takich jak poziom zakażeń w stadach, rodzaj hodowli, zasoby gospodarcze, wpływ na zdrowie publiczne oraz potencjalne skutki w handlu międzynarodowym (Robinson, 2003 i Musa, 2004).

- **Zapobieganie (zgodnie z *Kodeksem zdrowia zwierząt lądowych*, OIE, wydanie 14.)**

  Prawie zawsze bardziej ekonomiczne i praktyczne jest zapobieganie chorobom niż próba ich kontroli lub eliminacji. W przypadku brucelozy, środki zapobiegawcze obejmują:

• Staranna selekcja zwierząt zastępczych. Zwierzęta te, zakupione lub wyprodukowane z istniejących zapasów, powinny pochodzić ze stad *wolnych od brucelozy* lub stad. Testy przed zakupem są konieczne, chyba że zwierzęta zastępcze pochodzą z populacji znajdujących się na określonych geograficznie obszarach, o których wiadomo, że są wolne od choroby.

• Izolacja zakupionych zamienników na co najmniej 30 dni. Dodatkowo konieczne jest wykonanie testu serologicznego przed zmieszaniem.

• Zapobieganie kontaktom i mieszaniu się ze stadami o nieznanym statusie lub stadami z brucelozą.

• Jeśli to możliwe, należy skorzystać z pomocy laboratorium w celu zdiagnozowania przyczyn aborcji, przedwczesnych porodów lub innych objawów klinicznych. Podejrzane zwierzęta powinny być izolowane do momentu postawienia diagnozy.

• Stada powinny być włączone do środków nadzoru, takich jak okresowe badania pierścieniowe mleka u bydła (co najmniej cztery razy w roku) oraz badania zwierząt poddanych ubojowi przy zastosowaniu prostych serologicznych procedur przesiewowych, takich jak RBT.

• Właściwa utylizacja (zakopanie lub spalenie) łożysk i nieżywotnych płodów. Dezynfekcja skażonych miejsc powinna być przeprowadzona dokładnie.

• Współpraca z organami ds. zdrowia publicznego przy prowadzeniu dochodzeń w sprawach dotyczących ludzi. Bruceloza zwierzęca, zwłaszcza wywołana przez *B. melitensis*, może być często identyfikowana poprzez badanie przypadków u ludzi.

•

- **Kontrola**

Mniejsza częstotliwość występowania brucelozy u ludzi może wynikać z opracowania programu kontroli brucelozy zwierząt. Zgłaszanie brucelozy zarówno u ludzi, jak i u zwierząt zostało uznane za niezbędne (MZCP/WHO, 1999), tak aby można było ocenić potrzebę programu kontroli brucelozy zwierząt, podczas gdy w endemicznych krajach rozwijających się konieczne może być zaangażowanie międzynarodowe na każdym poziomie. Masowe szczepienia zwierząt gospodarskich lub młodych zwierząt wraz z ubojem zwierząt po przeprowadzeniu badań, dobrowolnych lub obowiązkowych, mogą być stosowane w zależności od epidemiologii każdej strefy i postępów w trakcie realizacji programu (Martins *i in.*, 2009).

Celem programu kontroli zwierząt jest zmniejszenie wpływu choroby na zdrowie ludzkie i konsekwencji gospodarczych. Wyeliminowanie choroby z populacji nie jest celem programu zwalczania i zakłada się, że pewien "dopuszczalny poziom" zakażenia pozostanie w populacji. Programy zwalczania choroby mają nieokreślony czas trwania i będą musiały zostać utrzymane nawet po osiągnięciu "dopuszczalnego poziomu" zakażenia, tak aby choroba nie wystąpiła ponownie. W wielu krajach metody zwalczania brucelozy są wspierane przez rządowe regulacje/prawodawstwo. W innych krajach nie istnieją żadne władze. Dlatego też procedury postępowania z zakażonymi stadami i stadami mogą się znacznie różnić. Niemniej jednak, obowiązują pewne zasady, a ***mianowicie:***

1) Zmniejszenie narażenia na działanie *Brucella* spp.

2) Wzrost odporności na zakażenia zwierząt w populacjach. Procedury te mogą być dalej klasyfikowane w ramach ogólnego

kategorie badań i izolacji/uboju, higiena, kontrola przemieszczania się zwierząt, szczepienia.

Badanie i izolacja/ubój

Nie ma patognomicznych objawów brucelozy u zwierząt na poziomie indywidualnym; występowanie burz poronień w stadach naiwnych jest zazwyczaj silnym wskaźnikiem zakażenia. Dlatego też badania serologiczne (a czasami alergiczne) są zwykłą metodą identyfikacji możliwych zakażonych zwierząt. Procedury bakteriologiczne są przydatne do potwierdzania wyników badań oraz do badań epidemiologicznych. Decyzja o uboju zwierząt z wynikiem dodatnim podejmowana jest po uwzględnieniu czynników regulacyjnych, ekonomicznych i chorobowości. W większości przypadków badanie i ubój zwierząt z wynikiem dodatnim jest skuteczny w zmniejszaniu zachorowalności tylko wtedy, gdy chorobowość w stadzie jest bardzo niska (np. 2%). Zatrzymanie zwierząt z wynikiem dodatnim jest mniej niebezpieczne, jeżeli pozostałe zwierzęta zostały zaszczepione, ale powinno być rozważane tylko w ostateczności. Izolacja zwierząt z wynikiem dodatnim jest niezbędna, w szczególności podczas i po porodzie. Natychmiastowy ubój zwierząt wykazujących wynik dodatni jest kosztowny i wymaga współpracy właściciela zwierząt. Odszkodowanie jest zazwyczaj konieczne. Ponadto, jest mało prawdopodobne, aby stosowanie polityki dotyczącej badań i uboju było skuteczne w przypadku brucelozy owiec i kóz, gdy badania diagnostyczne są mniej wiarygodne niż u bydła. Mało prawdopodobne jest również, aby badania i ubój zakończyły się sukcesem w przypadku bydła, jeżeli pozostała część stada nie jest szczepiona, w szczególności w dużych populacjach. W celu dalszego ograniczenia występowania brucelozy i potwierdzenia jej wyeliminowania konieczne jest wykonanie powtarzających się badań w stadzie lub w stadzie.

Higiena

Celem stosowania metod higieny w zwalczaniu brucelozy jest zmniejszenie narażenia podatnych zwierząt na kontakt z tymi, które są zakażone, lub z ich wydzielinami i tkankami. Jest to klasyczna procedura w zwalczaniu choroby. Czynniki takie jak metody hodowli zwierząt (np. mieszanie stad), wzorce handlowe, występowanie objawów klinicznych, rodzaj obiektów i stopień poświęcenia właścicieli zwierząt będą również decydować o sukcesie. Właściciele są często słabo poinformowani o przenoszeniu chorób, a zalecenia, takie jak oddzielenie rodzących zwierząt, mogą być trudne lub niemożliwe do realizacji. Leczenie antybiotykami znanych zakażonych zwierząt lub tych, które są potencjalnie na nie narażone, nie było powszechnie stosowane i powinno być wykluczone jako opcja w zwalczaniu brucelozy. Ograniczona liczba badań wykazała szybkie zmniejszenie częstości występowania brucelozy, gdy stado zostało poddane działaniu substancji, ale procedura ta jest uważana za ograniczoną w praktyce. Leczenie stosowano u zwierząt o szczególnej wartości hodowlanej, lecz ze względu na niepewny wynik nie jest ono na ogół zalecane.

Kontrola przemieszczania się zwierząt

Można to uznać za aspekt higieny. Jednakże w każdym programie niezbędne jest ograniczenie rozprzestrzeniania się brucelozy. Zwierzęta powinny być indywidualnie identyfikowane za pomocą znaku firmowego, tatuażu lub kolczyka. Niedozwolona sprzedaż lub przemieszczanie zwierząt z obszaru zakażonego do innych obszarów powinno być zakazane. Podobnie, przywóz do obszarów czystych musi być ograniczony do zwierząt, które pochodzą z obszarów wolnych od brucelozy, które w przeszłości były wolne od choroby w stadzie i które wykazały negatywne reakcje na ostatnio wykonane badania diagnostyczne. W praktyce, jest to dużo trudniejsze do kontrolowania przemieszczanie się wielbłądów i małych przeżuwaczy trzymanych w warunkach nomadycznych lub półnomadycznych niż w przypadku bydła wołowego lub mlecznego trzymanego w warunkach intensywnych. Właściciele stad mogą być przyzwyczajeni do sezonowych migracji, które mogą przekraczać granice państwowe.

Szczepionka

Istnieje powszechna zgoda co do tego, że najbardziej skuteczną metodą zapobiegania i zwalczania brucelozy u zwierząt są szczepienia. Podczas gdy idealna szczepionka nie istnieje, szczepy atenuowane *B. melitensis* szczep Rev.1 dla owiec i kóz oraz *B. abortus* szczep 19 okazały się lepsze od wszystkich innych. Nieaglutynogenny szczep *B. abortus* RB51 został użyty w USA i niektórych krajach Ameryki Łacińskiej, z zachęcającymi wynikami. Źródło i jakość szczepionek są krytyczne. Dawki i metody podawania, szczególnie w przypadku Rev.1, są różne, co może mieć wpływ na wyniki. W związku z tym szczepienia w całym stadzie lub stadach mogą być zalecane tylko wtedy, gdy wszystkie inne środki zwalczania choroby zawiodły. Po zastosowaniu, zaszczepione zwierzęta muszą być zidentyfikowane za pomocą nieusuwalnego oznakowania i stale monitorowane pod kątem poronień wynikających ze stosowania szczepionki. Dodatnie reaktory i sekrety serologiczne muszą zostać usunięte ze stada w momencie wykrycia. Często zaleca się, aby szczepienia szczepami 19 i Rev.1 były ograniczone do niedojrzałych płciowo samic. Ma to na celu zminimalizowanie stymulacji przeciwciał poszczepiennych, które mogą mylić interpretację testów diagnostycznych, a także zapobieganie ewentualnym poronieniom wywołanym przez szczepionki. Jednakże badania terenowe i laboratoryjne wykazały, że podawanie tych szczepionek w postaci koniuktalii sprawia, że szczepienie stada jest praktyczną i skuteczną procedurą.

Rozwijana jest szybka odporność stad, a koszty aplikacji są minimalizowane. Obniżona dawka powoduje obniżenie miana przeciwciał, a te szybko się zmniejszają. Opracowano kilka testów diagnostycznych, które są użyteczne w różnicowaniu klas przeciwciał. Spośród nich, test wiązania dopełniacza i ELISA są obecnie najczęściej stosowane. Szczepienie zwierząt zwykle prowadzi do wyeliminowania choroby klinicznej i zmniejszenia liczby organizmów wydalanych przez zwierzęta, które się zakażają. Ponadto, właściciele zwierząt są bardziej skłonni zaakceptować szczepienie jako metodę zwalczania choroby, ponieważ są przyzwyczajeni do tej formy zwalczania choroby. W wielu krajach szczepienia są jedynym praktycznym i ekonomicznym sposobem walki z brucelozą zwierząt. Na całym świecie panuje tendencja do wzrostu handlu zwierzętami, a większe populacje, wraz z ograniczonymi zasobami, utrudniają walkę z brucelozą w wielu krajach. Należy przeprowadzić ocenę procedur stosowanych w celu zapobiegania i

zwalczania brucelozy zwierząt. Powinna ona obejmować nadzór nad zwierzętami i ludźmi oraz badanie ognisk choroby.
Procedury, w tym definicja przypadku i badania diagnostyczne, powinny być znormalizowane i wystarczająco elastyczne, aby umożliwić modyfikację w przypadku pojawienia się nowych informacji.

Obecnie do zapobiegania zakażeniu *B. abortus stosuje się* szczepy szczepionki S19 i RB51, a do zapobiegania zakażeniu *B. melitensis* - Rev 1. Identyfikacja potencjalnych nowych przypadków brucelozy w stadach zwierząt nieszczepionych na *brucelozę* jest dokonywana tak, aby wszystkie zwierzęta mogły zostać przebadane, a zakażone mogły zostać ubite. *B. zwalczanie melitensis u* małych przeżuwaczy okazałosię trudnym zadaniem z przyczyn technicznych i finansowych. Przypadki ludzkie uważane są za indeks zwierząt

bruceloza-kontrolprogrammeinadditiontoanimalabortion (MZCP/WHO, 1999).

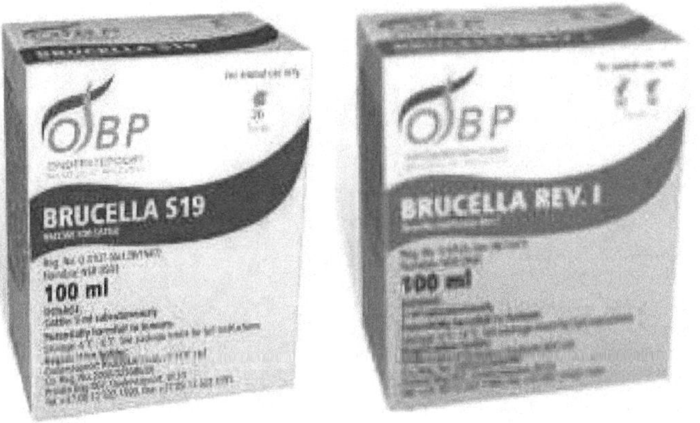

PROFESSIONAL BIOLOGICAL COMPANY
5 dose
Rehydrate to 10 ml with accompanying diluent
BRUCELLA ABORTUS VACCINE STRAIN RB-51, LIVE CULTURE
For use only by or under the supervision of a veterinarian
U.S. Vet. License No. 188
Professional Biological Company
4950 York Street, Denver, Colorado 80216 U.S.A.
303-295-7527 www.professionalbiological.com
RB-51

- **Eliminacja**

Eliminacja oznacza usunięcie czynnika chorobotwórczego z kraju lub strefy (tj. części terytorium kraju o wyraźnym stanie zdrowia zwierząt). Wysoce zorganizowany wysiłek jest potrzebny do osiągnięcia eliminacji na danym terytorium i w danej populacji. Eliminacja jest koncepcyjnie bardzo różna od kontroli: nie jest ani przypadkową, ani automatyczną konsekwencją programu kontroli, bez względu na to, jak dobrze zaplanowano i wdrożono program kontroli. Opiera się ono na środkach sanitarnych i organizacji działań całkowicie odmiennych od tych, które są realizowane w ramach programu kontroli. Kluczowymi czynnikami powodzenia programu zwalczania są wdrożenie skutecznego systemu nadzoru z odpowiednim wsparciem laboratoryjnym oraz zrozumienie i współdzielenie celów zwalczania przez decydentów, rolników i wszystkie inne zainteresowane strony. Aby utrzymać populację niezakażoną w stanie wolnym od zakażenia, należy wdrożyć środki zapobiegawcze w celu oddzielenia organizmu zakaźnego od obszaru geograficznego oraz jego populacji ludzkich i zwierzęcych. Niezbędna jest odpowiednia wiedza na temat lokalnych populacji ludzi i zwierząt oraz na temat terytorium. Opisane powyżej strategie zapobiegania i kontroli mogą być stosowane w celu zwalczania; jednakże nie wykluczają się one wzajemnie, wręcz przeciwnie, mogą być zorganizowane kaskadowo.

W perspektywie długoterminowej programy zwalczania są ogólnie rzecz biorąc bardziej korzystne ekonomicznie w porównaniu z programami kontroli. Korzyści tej nie zawsze można jednak przełożyć na praktykę. W rzeczywistości program zwalczania choroby wiąże się z mobilizacją zasobów (finansowych i ludzkich), które mogą być niedostępne lub których zwrot z inwestycji może wymagać czasu dłuższego niż jakikolwiek organ decyzyjny może sobie na to pozwolić. Analiza kosztów i korzyści oraz analiza efektywności kosztowej mogą być wykorzystane do wsparcia decyzji dotyczących strategii kontroli. Jednakże dogłębna analiza nie jest możliwa w przypadku braku nadzoru epidemiologicznego. Nie ma również wątpliwości, że bardzo często niepowodzenia działań w zakresie kontroli i zwalczania chorób wynikają z braku odpowiedniego systemu nadzoru epidemiologicznego podtrzymującego zarówno techniczne, jak i polityczne decyzje.

Możemy więc podsumować następujące kluczowe punkty dotyczące zapobiegania, kontroli i zwalczania brucelozy u zwierząt

- Starannie zapobiegać kryzysowi związanemu z brucelozą zwierząt . zarządzanie stadem i higiena.

- Szczepienia są przydatne w zapobieganiu i kontroli infekcji.

- *B. abortus* szczepy 19 i RB 51 są zalecane do zapobiegania brucelozie bydła.

- *B. melitensis* Rev 1 jest zalecany w celu zapobiegania zakażeniu *B. melitensis* u owiec i kóz.

- Skuteczność szczepionki może być ograniczona w przypadku silnego narażenia.

- Controlandpreventionschemesrequire skuteczna współpraca między wszystkimi grupami społecznymi.

- Programy kontroli muszą być odpowiednio zaplanowane, skoordynowane i wyposażone w odpowiednie zasoby.

- Programy edukacyjne i informacyjne są niezbędne do zapewnienia współpracy na wszystkich szczeblach społeczności.

- Eliminację można osiągnąć jedynie poprzez badanie i ubój w połączeniu ze skutecznymi środkami zapobiegawczymi i kontrolą przemieszczania się zwierząt.

Podsumowując, zwalczanie brucelozy u ludzi zależy od zwalczania brucelozy zwierząt oraz od stworzenia krajowego programu zwalczania brucelozy. Zapobieganie brucelozie można najlepiej osiągnąć poprzez zminimalizowanie kontaktu ludzi z zakażonymi zwierzętami lub ich produktami. Mycie rąk, ochrona oczu, odzież ochronna, dezynfekcja narzędzi/powierzchni, ubój i zniszczenie zakażonych zwierząt to niektóre z ważniejszych środków, jakie należy podjąć w gospodarstwach i innych obiektach. Należy unikać spożycia surowego mleka i mięsa, aby zapobiec zakażeniu całej populacji. Ponadto, w krajach endemicznych, w których występuje bruceloza, konieczne są szybkie, czułe i wysoce specyficzne metody diagnostyczne w celu dokonania wczesnej diagnozy i zapobieżenia oporności, ponieważ terapia pokrywa się.

Referencje

Abbas, A.K.; Murphy, K.M. i Sher, A. (1997): Funkcjonalne zróżnicowanie limfocytów pomocniczych T. Nature (Lond.), 383: 787-793.

Acha, N.P. i Szyfrer, B. (2001): Bruceloza. W: Zoonoses and Communicable Diseases Common to Man and Animals, 3rd ed: 40–67.

Acha, N.P. i Szyfres, B. (2003): Bruceloza. W: Zoonoses and Communicable Diseases Common to Man and Animals, third ed., vol. 1.

Ahmed, N.N.; Grimes, H.L.; Bellacosa, A.; Chan, T.O. i Tsichlis, P.N. (1997): Transdukcja sygnałów antyapoptotycznych i proliferacyjnych interleukiny-2 za pośrednictwem kinazy białkowej Akt. *Proc Natl Acad Sci USA*; 94: 3627-3632.

Akcakus, M.; Esel, D.; Cetin, N.; Kisaarslan, A.P. i Kurtoglu, S. (2005): Brucella melitensis w posiewach krwi dwóch noworodków z powodu transfuzji wymiennej. Turk J. Pediatr, 47: 272-274.

Al Sekait, M.A. (1993): Częstość występowania brucelozy wśród pracowników ubojni w Arabii Saudyjskiej. J. R. Soc. Health, 113: 230-233.

Al Sekait, M.A. (1999): Badanie seroepidemiologiczne przeciwciał przeciwko brucelozie w Arabii Saudyjskiej. Ann. Saudi Med., 19: 219-222.

Al-Aska, A.K. i Chagla, A.H. (1989): Bruceloza nabyta w laboratorium.

J. Hosp. Infect., 14:69-71.

Al-Balla, S.R. (1995): Epidemiologia ludzkiej brucelozy w południowej Arabii Saudyjskiej. J. Trop. Med. Hyg., 98: 185- 189.

Al-Balla, S.R.; Al-Aska, A.; Kambal, A. i Al-Hedaithy, M.A. (1994): Sezonowa odmiana brucelozy z dodatnim wynikiem hodowli w dużym szpitalu szkoleniowym. Ann. Saudi Med., 14: 12-15.

Al-Dahouk, S. i Neubauer, H. (2008): *Brucella* spp (bruceloza). W: Podbielskiv A., Herrmann M., Kniehl E i Mauch H, eds. Mikrobiologiczne i infekcyjne normy jakości (MiQ). Elsevier GmbH, Monachium, 26: 56-67.

Al-Dahouk, S.; Le Flèche, P.; Nöckler, K.; Jacques, I.; Grayon, M.; Scholz, H.C.; Tomaso, H.; Vergnaud, G. i Neubauer, H. (2007): Evaluation of Brucella MLVA typing for human brucellosis. J. Microbiol. Methods, 69:137-145.

Al-Dahouk, S.; Tomaso, H.; Nockler, K.; Neubauer, H. i Frangoulidis, D. (2003): Diagnostyka laboratoryjna brucelozy - przegląd literatury. Część II: Badania serologiczne w kierunku brucelozy. Klinika. Laboratorium. Sci., 49: 577-589.

Al-Eissa, Y.A. (1990): Prawdopodobna bruceloza piersiowo-mleczna u młodego dziecka. Ann. Trop. Paed., 10: 305-307

Al-Eissa, Y.A. (1999): Bruceloza w Arabii Saudyjskiej; przeszłość, teraźniejszość i przyszłość. Ann. Saudi Med., 19:403-405.

Al-Eissa, Y.A. i Al-Mofada, S.M. (1992): Wrodzona bruceloza. Paed. Infekcja. Dis. J., 11: 667–671.

Al-Eissa, Y.A.; Assuhaimi, S.A.; Al-Fawaz, I.M.; Higgy, K.E.; Al- Nasser, M.N. i Al-Mobaireek, K.F. (1993): Pancytopenia u dzieci z brucelozą: objawy kliniczne i wyniki badań szpiku kostnego. Acta. Haematol., 89: 132-136.

Al-Eissa, Y.A.; Kambal, A.M.; Al-Nasser, M.N.; Al-Habib, S.A.; Al Fawaz,

I.N. i Al-Zamil, F.A. (1990): bruceloza dziecięca: badanie 102 przypadków. Paed. Infekcja. Dis. J., 9: 74–79.

Ali, A.; Bahadar, S.; Ikhwan; Jehangir i Irshad (2007): Badania nad klinicznoepidemiologicznymi i terapeutycznymi aspektami brucelozy u ludzi w NWFP. Life Sci. Int. J., 1:350–486.

Almuneef M, Memish ZA (2003). Prevalence of *Brucella* antibodies after acute brucellosis. *Journal of Chemotherapy,* 15(2):148-51.

Almuneef, M.A. i Memish, Z.A. (2003): Prevalence of Brucella antibodies after acute brucellosis. J. Chemother., 15: 148-151.

Almuneef, M.A.; Memish, Z.A.; Balkhy, H.H.; Alotaibi, B.; Algoda, S.; Abbas, M. i Alsubaie, S. (2004): Importance of screening household members of acute brucellosis cases in endemic areas. Epidemiol. Infect., 132 :533-540.

Al-Nasser, A.; Al-Aska, A.; Al-Balla, S.; Al-Mofleh, I.A.; Al-Sekait, M. i Hassan, O.S.(1991): Epidemiologia brucelozy w Arabii Saudyjskiej. Ann. Saudi Med., 11:245.

Alp, E.; Koc, R.K.; Durak, A.C.; Yildiz, O.; Aygen, B.; Sumerkan, B. i Doganay, M. (2006): Doxycycline plus streptomycin versus ciprofloxacin plus rifampicin in spinal brucellosis [ISRCTN31053647]. BMC Infect. Dis., 6: 72.

Alshaalan, M.; Memish, Z.; Almahmoud, S.; Alomari, A.; Khan, M.; Almuneef, M. i Alalola, S. (2002): Bruceloza u dzieci: obserwacje kliniczne u 115 dzieci. Int. J. Infect. Dis., 6:182-186.

Alsubaie, S.; Almuneef , M.; Alshaalan, M.; Balkhy, H.; Albanyan, E.; Alola, S.; Alotaibi, B. i Memish, Z.A. (2005): Ostra bruceloza w rodzinach saudyjskich: Związek między serologią brucelozy a objawami klinicznymi.

Int. J. Infect. Dis., 9: 218-224.

Al-Tawfiq, J.A. (2008): Opcje terapeutyczne dla brucelozy u ludzi. Ekspert ks. rektor Anti Infect. Ther., 6:109-120.

Alton GG i inni (1988). *Techniki dla laboratorium brucelozy*. INRA, Paryż.

Alton, G.; Jones, L. M.; Angus, R. D. i Verger, J. M. (1988): Techniki dla Laboratorium Brucelozy. INRA, Paryż

American Academy of Pediatrics (2003): Bruceloza. W: Pickering LK, redaktor. Sprawozdanie Komitetu ds. Chorób Zakaźnych, 26. red.: 222.

Araj, G.F. (1999): Ludzka bruceloza: klasyczna choroba zakaźna z utrzymującymi się problemami diagnostycznymi. Clin. Laboratorium. Sci.,12: 207-212.

Araj, G.F. i Kattar, M.M. (2003): Szybka diagnostyka brucelozy u ludzi przy użyciu systemu ciągłego monitorowania posiewów Bact/Alert. In: Streszczenia 103. dorocznego spotkania American Society for Microbiology.

Araj, G.F.; Lulu, A.R.; Khateeb, M.I.; Saadah, M.A. i Shakir, R.A. (1988): ELISA kontra rutynowe testy w diagnostyce pacjentów z układową i neurobrucelozą. APMIS, 96: 171-176.

Baldwin, C. L. i Parent, M. (2002): Fundamentals of host immunitet response against *Brucella abortus*: what the mouse model has revealed about control of infection. Vet. Microbiol., 90: 367-382.

Baldwin, C. L. i Winter, A.J. (1994): Makrofagi i Brucella. Immunol. Ser., 60: 363-80.

Baldwin, C.L. i Goenka, R. (2006): Reakcje immunologiczne gospodarza na wewnątrzkomórkowe bakterie Brucella: czy bakteria ta instruuje gospodarza, aby ułatwić przewlekłą infekcję? Krytyczne. Rev. Immunol., 26: 407-442.

Bannatyne, R.M.; Jackson, M.C. i Memish, Z. (1997): Szybka diagnostyka bakteriemii Brucella przy użyciu systemu BACTEC 9240. J. Clin. Microbiol., 35:2673-2674.

Barrionuevo, P.; Cassataro, J.; Delpino, J.V.; Zwerdling, A.; Pasquevich, K.A.; Garcı´a Samartino, C.; Wallach, J.C.; Fossati, C.A. i Giambartolomei, G.H. (2008): Brucella abortus hamuje podstawową złożoność ekspresji i przetwarzania antygenów II klasy histokompatybilności.

poprzez wydzielanie interleukiny 6 przez receptor Toll-podobny 2. Zainfekować. Immun., 76: 250-262.

Bauman, R. (2007): Microbiology with diseases by taxonomy, 2nd ed. Pearson Education Inc. San Francisco. USA.

Bellaire, B.H.; Roop 2nd R.M. i Cardelli, J.A. (2005): Opsonized virulent Brucella abortus replicates within nonacidic, endoplasmic reticulum-negative, LAMP-1-positive phagosomes in human monocytes. Zakaźne. Immun., 73: 3702-3713.

Benjamin, B. i Annobil, S.H. (1992): Bruceloza dziecięca w południowo-zachodniej Arabii Saudyjskiej: 5 lat doświadczenia. J. Trop. Paed., 38: 167-172.

Benjamin, B.; Annobil, S.H. i Khan, M.R. (1992): Osteoarticular complications of childhood brucellosis: a study of 57 cases in Saudi Arabia. J. Paed. Ortopedia, 12: 801-805.

Bilal, N.E.; Jamjoom, G.A.; Bobo, R.A.; Aly, O.F; i El-Nashar, N.M. (1991): Studium wiedzy, postawy i praktyki (KAP) społeczności saudyjskiej wobec problemu brucelozy. J. Egypt Public Health Assoc., 66: 227-238.

Bilal, N.E.; Jamjoom, G.A.; Bobo, R.A.; Aly, O.F; i El-Nashar, N.M. (1991): Bruceloza w regionie Asir w Arabii Saudyjskiej. Saudi Med. J., 12: 37-41.
Billard, E.; Dornand, J. i Gross, A. (2007): Brucella suis zapobiega dojrzewaniu komórek dendrytycznych u ludzi i prezentacji antygenu poprzez regulację czynnika martwicy nowotworów wydzielania alfa. Infect. Immun., 75: 4980-4989.

Billard, E.; Dornand, J. i Gross, A. (2007): Interakcja Brucella suis i Brucella abortuje surowe szczepy z ludzkimi komórkami dendrytycznymi. Zakażają. Immun., 75: 5916-5923.

Bossi, P. A.; Tegnell, A.; Baka, F.; Van Loock, J.; Hendriks, A.; Werner, H.; Maidhof i Gouvras G. (2004): Bichat guidelines for the clinical management of brucellosis and bioterrorism-related brucellosis. Euro. Surveill., 9: E15-16.

Bravo, M.J.; Colmenero, J.D.; Queipo-Ortuño, M.I.; Alonso, A. i Caballero, A. (2008): Polimorfizm genów TGF-betal i IL-6 u hiszpańskich chorych na brucelozę. Cytokina, 44:18-21.

Bravo, M.J.; de Dios Colmenero, J.; Alonso, A. i Caballero, A. (2003): Polimorfizmy genów interferonu gamma i interleukiny 10 w brucelozie człowieka. Eur. J. Immunogenet., 30:433-435.

Brew, S.D.; Perrett, L.L.; Stack, J.A.; MacMillan, A.P. i Staunton,

N.J. (1999): Narażenie ludzi na działanie Brucelli odzyskanej od ssaka morskiego. Vet. Rec., 144: 483.

Burgdorfer, W. i Varma, M.G.R. (1967): Trans-stadial and transovarial development of disease agents in arthropods. Annu. Rev. Entomol., 12: 347-376.

Caron, E.; Gross, A.; Liautard, J.P. i Dornand, J. (1996): Gatunki Brucelli uwalniają specyficzny, wrażliwy na proteazy, inhibitor ekspresji TNF-alfa, aktywny na ludzkich komórkach makrofagowych. J. Immunol.,156: 2885-2893.

Caudle L.C. (1997): Zagrożenie wojną biologiczną. W: Medical aspects of chemical and biological warfare. Washington, DC: TMM Publications: 451–466.

CDC (2007): Z Centrów Kontroli i Zapobiegania Chorobom. Bruceloza. Atlanta: Wydział Chorób Bakteryjnych i Grzybiczych.
Charissis, N. i Vassalos, C.M. (2009): Bruceloza. W: Biologiczne środki bojowe. Ekdoseis Korontzis: Ateny.

Christopher, G.W.; Agan, M.B.; Cieslak, T.J. and Olson, P.E. (2005): History of US military contributions to the study of bacterial zoonoses. Military Med., 170: 39-48.

Collins, C.H. (1998): Zakażenia nabyte w laboratorium, *P.P.* 36-37. Butterworth and Company, Ltd., Londyn, Anglia.

Cooper, C.W. (1992): Risk factors in transmission of brucellosis from animals to humans in Saudi Arabia. Trans. R. Soc. Trop. Med. Hyg., 86:206-209.

Corbeil, L.B. i Winter, A.J. (1988): Zabicie *Brucelli poronionej* przez serum bydlęce. Zakażenie. Immun., 56: 3251-3261

Corbel MJ (1999). Brucella. W: Topley and Wilson's Microbiology and microbial infection, 9th ed. Balows A, Duerden BI, eds. Chapter 35, Volume II. Arnold, Londyn.

Corbel MJ, Beeching NJ (2004). Bruceloza, Ch 141. str. 914-917. In: Harrison's Textbook of Internal Medicine, 16th ed. McGraw-Hill, New York.

Corbel MJ, MacMillan AP (1999). Bruceloza, Ch.41. Tom III. In: Topley and Wilson's, Microbiology and microbial infections, 9th ed. Hausler WJ, Sussman M, eds. Arnold, Londyn.

Corbel, M. J. (1997): Bruceloza: przegląd. Emerg. Infect. Dis., 3: 213-221.
Corbel, M.J. (1972): Characterization of antibodies active in the Rose Bengal plate test for bovine brucellosis. Weterynarz. Rec.; 90: 484-5.

Corbel, M.J. (1985): Ostatnie postępy w badaniach nad antygenami *Brucelli* i ich serologicznymi reakcjami krzyżowymi. Vet. Bull., 55: 928-942.

Corbel, M.J. (2006): Bruceloza u ludzi i zwierząt. Genewa: Światowa Organizacja Zdrowia.

Crespo León F (1994). Bruceloza Ovina y Caprina. Światowa Organizacja Zdrowia Zwierząt (OIE), Paryż.

Cutler, S.J.; Whatmore, A.M. and Commander, N.J. (2005): Bruceloza - nowe aspekty starej choroby. J. Appl. Microbiol., 98: 1270-1281.

Dahouk, S.A.; Neubauer, H.; Hensel, A.; Schoneberg, I.; Nockler, K.; Alpers, K.; Merzenich, H.; Stark, K. i Jansen, A. (2007): Changing epidemiology of human brucellosis, Germany, 1962-2005. Emerg. Infect. Dis. 13, 1895–1900.

Doganay, M. and Aygen, B. (2003): Human brucellosis: an overview. Int. J. Infect. Dis., 7: 173-182.

Drancourt, M.; Brouqui, P. i Raoult, D. (1997): Afipia clevelandensis antibodies and crossreactivity with Brucella spp. and Yersinia enterocolitica O:9. Clin. Diag. Lab. Immunol., 4:748-752.

Ebrahimpour S, Youssefi MA, Karimi N, et al. (2012): The prevalence of human brucellosis in Mazandaran province, Iran. Afr J Microbiol Res 2, 6: 4090-4.
Eitzen, E.M. i Takafuji, E.T. (1997): Historyczny przegląd biologicznych działań wojennych - rozdział 18. W: Medyczne aspekty wojny chemicznej i

biologicznej. Washington, DC: TMM Publications: 415–423.

Elbeltagy, K.E. (2001): An epidemiological profile of brucellosis in Tabuk Province, Saudi Arabia. East Mediterr. Health J., 7: 791-798.

Elzer, P.H. (2002): Szczepionki przeciwko brucelozie na XXI wiek. NIAA Annual Meeting Proceedings: Louisiana State University Ag Center and School of Veterinary Medicine, Department of Veterinary Science, 111 Dalrymple Building, Baton Rouge, LA; 70803.

Ersoy, Y.; Sonmez, E.; Tevfik, M.R. i But, A.D. (2005): Porównanie trzech różnych terapii kombinowanych w leczeniu ludzkiej brucelozy. Trop. Doct., 35: 210-212.

Espinosa BJ, Chacaltana J, Mulder M, et al. (2009): Porównanie technik hodowli w różnych stadiach brucelozy. Am J Trop Med Hyg, 80: 625-7.

Komisja Europejska (2001): Bruceloza u owiec i kóz (*Brucella Melitensis*).SANCO.C.2/AH/R23/2001. Santa Fe: Scientific Committee on Animal Health and Animal Welfare.

Falagi, M.E. i Bliziotis, I.A. (2006): Quinolones for treatment of human brucellosis: critical review of the evidence from microbiological and clinical studies. Antymikrob. Agents Chemother., 50: 22-33.

Fallatah, S.M.; Oduloju, A.J.; Al-Dusari, S.N. and Fakunle, Y.M. (2005): Ludzka bruceloza w północnej Arabii Saudyjskiej. Saudi Med. J., 26:1562-1566.

Farina, F.; Fuser, R.; Rossi, M. i Scotton, P.G. (2008): Ognisko brucelozy w prowincji Treviso spowodowane przez zakażony ser pochodzący z obszaru endemicznego. Infeza. Med., 16:154-157.
Feldmann M. (2008): Wiele cytokin to bardzo użyteczne cele terapeutyczne w chorobie. J. Clin. Invest., 118(11):3533-3536

Fernández-Prada, C. M.; Żelazowska, E. B.; Nikolich, M.; Hadfield, T. L.; Roop II, R. M.; Robertson, G. L. i Hoover. D. L. (2003): Interakcje między *Brucella melitensis* a ludzkimi fagocytami: O-polisacharyd powierzchni bakterii hamuje fagocytozę, zabijanie bakterii, a następnie apoptozę komórek gospodarza. Zakażają. Immun., 71:2110- 2119.

Fernández-Prada, C.M.; Nikolich, M.; Vemulapalli, R.; Sriranganathan, N.; Boyle, S.M.; Schurig, G.G.; Hadfield, T.L. i Hoover, D.L.(2001): Delete of *wboA* enhances activation of the lectin path pathway of complement in *Brucella abortus* and *Brucella melitensis*. Infect. Immun., 69: 4407-4416.

Fleming, D.O.; Richardson, J.H.; Tulis, J.J. i Vesley D. (1995): Bezpieczeństwo laboratoryjne: zasady i praktyki, wydanie drugie. American Society for Microbiology, Washington, DC.

Forestier, C.F.; Deleuil, N.; Lapaque, E.; Moreno i Gorvel, J.P. (2000): *Brucella abortus* lipopolisacharyd w makrofagach otrzewnowych muru działa jako regulator aktywacji komórek T.

Foster, G.; Osterman, B.S.; Godfroid, J.; Jacques, I. i Cloeckaert, A. (2007): Brucella ceti sp. nov. i Brucella pinnipedialis sp. nov. dla szczepów Brucella z waleniami i fokami jako ich preferowanymi gospodarzami. Int. J. Syst. Evol. Microbiol., 57:2688-2693.

Franco, M.P.; Mulder, M.; Gilman, R.H. and Smits, H.L. (2007): Human brucellosis. Lancet Infect. Dis., 7:775-786.

Franz, D.R.; Jahrling, P.B.; Friedlander, A.M.; McClain D.J.; Hoover, D.L.; Bryne, W.R.; Pavlin, J.A.; Christopher, G.W. and Eitzen, E.M. (1997): Rozpoznawanie kliniczne i postępowanie w przypadku pacjentów narażonych na działanie biologicznych środków bojowych. JAMA, 278: 399-411.

Franz, D.R.; Parrott, C.D. i Takafuji, E.T. (1997): Amerykańskie programy wojny biologicznej i obrony biologicznej - rozdział 19. W: Medyczne aspekty chemicznych i biologicznych działań wojennych. Washington, DC: TMM Publications: 424–436.

Fretin, D.; Fauconnier, A.; Kohler, S.; Halling, S.; Leonard, S.; Nijskens, C.; Ferooz, J.; Lestrate, P.; Delrue, R.M.; Danese, I.; Vandenhaute, J.; Tibor, A.; DeBolle, X. i Letesson, J.J. (2005): Biczowaty bicz Brucella melitensis jest zaangażowany w uporczywe utrzymywanie się w morderczym modelu infekcji. Cell Microbiol., 7:687-698.

Fugier, E.; Pappas, G. i Gorvel, J.P. (2007): Virulence factors in brucellosis: implications for aetiopathogenesis and treatment. Exp. Rev. Mol. Med., 9:1-10.

Galanakis E, Makis A, Bourantas KL, Papadopoulou ZL. Interleukina-3 i interleukina-4 w brucelozie dziecięcej. Zakaźna. 2002; 30:33-34.

Garin-Bastuji B, Blasco JM, Grayon M, Verger JM (1998). *Brucella melitensis* infection in sheep: present and future. *Veterinary Research,* 29(3-4):255-74.

Gast, R.K.; Porter, E.R. i Holt, P. S. (1997): Applying tests for specific yolk antibodies to predict contamination by *Salmonella enteritidis.* Poult. Sci., 70:1273-1276.

George, L.W. i Carmichael, L.E. (1987): Rozwój antygenu barwionego różem bengalskim do szybkiego rozpoznania zakażenia *Brucella canis.* Cornell. Vet., 68: 530-543.

Giambartolomei, G.H.; Delpino, M.V.; Cahanovich, M.E.; Wallach, J.C.; Baldi, P.C.; Velikovsky, C.A. i Fossati, C.A. (2002): Zmniejszona produkcja cytokin T helper 1 koreluje z komórką T brak reakcji na białka cytoplazmatyczne Brucella w przewlekłej brucelozie u ludzi. J Infect Dis 2002; 186:252-259.

Giannakopoulos, I.; Nikolakopoulou, N.M.; Eliopoulou, M.; Ellina, A. i Kolonitsiou, F.(2006): Papanastasiou: Prezentacja brucelozy dziecięcej w zachodniej Grecji. J. Infect. Dis., 59:160-163.

Glynn, M.K. i Lynn, T.V. (2008): Bruceloza. J. Am. Vet. Med. Assoc., 233: 900- 908.

Godfroid, J.; Cloeckaert, A.; Liautard, J.P.; Kohler, S.; Fretin, D.; Walravens, K.; Garin-Bastuji, B. i Letesson, J.J. (2005): Od momentu odkrycia czynnika gorączki maltańskiej do odkrycia zbiornika ssaków morskich, bruceloza jest stale rozwijającą się zoonozą. Vet. Res., 36: 313-326.

Gokul, B.N.; Paul, A. i Hussein, I. (2000): Neurobruceloza. Saudi Med. J., 21: 577–580.

Goldbaum, F.A.; Leoni, J.; Wallach, J.C. i Fossati, C.A. (1993): Characterization of an 18- kilodalton *Brucella* cytoplasmic protein which appears to be a serological marker of active infection of both human and bovine brucellosis. J. Clin. Microbiol., 31:2141-2145.

Golding B, Scott DE, Scharf O, Huang LY, Zaitseva M, Lapham C, et al. Immunitet i ochrona przed Brucellaabortus. Mikroby Zakażają. 2001; 3: 43 - 48.

Golding, B.; Scott, D.E.; Scharf, O.; Huang, L.Y.; Zaitseva, M.; Lapham, C.; Eller, N. i Golding, H. (2001): Immunitet and protection against Brucella abortus, Microbes Infect., 3: 43-48.

Gorvel, J.P. (2008): Brucella: pan "Hide" zamieniony na dr Jekyl. Mikroby zainfekowane., 10:1010-1013.

Gorvel, J.P. i Moreno, E. (2002): Brucella intracellular life: from invasion to intracellular replication. Vet. Microbiol., 90:281-297.

Gotuzzo, E.; Carrillo, C.; Guerra, J. i Losa, L. (1986): An evaluation of diagnostic methods for brucellosis - the value of bone marrow culture. J. Infect. Dis., 153:122-125.

Grammont-Cupillard, M., L.; Berthet-Badetti i Dellamonica, P. (1996): Bruceloza z wąchających się kultur bakteriologicznych. Lancet, 348: 1733-1734.

Gruner, E.; Bernasconi, E.; Galeazzi, R. L.; Bhul, D.; Heinzle, R. i Nadal. D. (1994): Bruceloza: zagrożenie zawodowe dla personelu laboratoriów medycznych. Infect., 22: 33-36.

Hafez, S.M. (1986): The impact of uncontrolled animal importation and marketing on the prevalence of brucellosis in Saudi Arabia. Annals Saudi Med., 6:S15-18.

Halling S M, Boyle S M, eds. *Veterinary Microbiology,* 2003, 90:1-604. (Special issues1-4).

Harding, A.L. i Byers, K.B. (2000): Epidemiologia zakażeń laboratoryjnych. W: Fleming DO, Hunt DL, eds. Biological safety: principles and practices. 3rd ed. Washington, DC: ASM Press: 35–54.

Hasanjani Roushan M.R., Salimnejad Ganji S.M., Janmohammadi N. (2008): Update on the treatment of adult cases of human brucellosis. Iranian J Clin Infect Dis, 3: 167-73.

On, Y. i Xiang, Z. (2010): Analiza bioinformatyczna szczepionek przeciwko Brucelli i celów szczepień przy użyciu VIOLIN. Immun. Res., 6: S5.

Heymann, D.L. (2005): Bruceloza u ludzi i zwierząt: Wytyczne WHO.

Genewa, Światowa Organizacja Zdrowia.

Honda, M.; Kitamura, K.; Takeshita, T.; Sugamura, K. i Tokunaga, T. (1990): Identification of a soluble IL-2 receptor beta-chain from human lymphoid cell line cells. J. Immunol, 145: 4131-4135.

Hsanjani Roushan M.R., Mohrez M., Hajiahmadi M., Ramazani A., Valayati A.A. (2006): Efficacy of gentamicin plus doxycycline versus Streptomycin plus Doxycycline in the treatment of Brucellosis in humans. Clin Infect Dis, 42: 1075-80.

Izadjoo, M.J.; Bhattacharjee, A.K.; Paranavitana, C.M.; Hadfield, T.L. i Hoover, D.L. (2004): Szczepionka doustna przeciwko Brucella *melitensis* WR201 chroni mikroorganizmy przed zakażeniem donosowym zjadliwą Brucella melitensis 16M. Infect. Immun., 72:4031-4039.

Jennings, G.J.; Hajjeh, R.A.; Girgis, F.Y.; Fadeel, M.A.; Maksoud, M.A.; Wasfy, M.O.; El-Sayed, N.; Srikantiah, P.; Luby, S.P.; Earhart, K. i Mahoney, F.J. (2007): Bruceloza jako przyczyna ostrej gorączkowej choroby w Egipcie. Trans. R. Soc. Trop. Med. Hyg., 101:707-713.

Jiang, X. i Baldwin, C. L. (1993): Effects of cytokines on intracellular growth of Brucella abortus. Infect Immun.,61: 124-134.

Jiang, X.; Leonard, B.; Benson, R. i Baldwin, C.L. (1993): Macrophage control of Brucella abortus: role reactive oxygen intermediates and nitric oxide. Cell Immunol., 151: 309–319.

Jiménez de Bagués, M.P.; A. Terraza, A.; Gross, A. i Dornand, J. (2004): Different responses of macrophages to smooth and rough *Brucella* spp: Związek z wirulencją. Zakaźne. Immun., 72:2429-2433.

Jubier-Maurin, V.; Boigegrain, R.A.; Cloeckaert, A.; Gross, A.; Alvarez-

Martinez, M.T.; Terraza, A.; Liautard, J.; Kohler, S.; Rouot, B.; Dornand, J. i Liautard, J.P. (2001): Główne białko błony zewnętrznej Omp25 Brucella suis bierze udział w hamowaniu produkcji czynnika martwicy nowotworów alfa podczas infekcji makrofagów ludzkich. Zakażenie. Immun., 69: 4823-4830.

Kambal, A.M.; Maghoub, E.S.; Jamjoom, G.A. i Chowdhury, M.N.H. (1983): Bruceloza w Rijadzie, Arabia Saudyjska: badanie mikrobiologiczne i kliniczne. Trans. R. Soc. Trop. Med. Hyg.,,77: 820-824.

Kattar, M.M.; Zalloua, P.A.; Araj, G.F.; Samaha-Kfoury, J.; Shbaklo, H.; Kanj, S.S.; Khalife, S. i Deeb, M. (2007): Rozwój i

ocena reakcji łańcuchowej polimerazy w czasie rzeczywistym na krwi pełnej i tkance parafinowej w celu szybkiego rozpoznania brucelozy u ludzi. Diagnoza. Mikrobol. Infekcja. Dis., 59: 23-32.

Kaufmann, S. H. E. (1997): Antibacterial vaccines: impact of antigen handling and immunitet response. J. Mol. Med., 75: 360-363.

Khan, M.Y.; Mah, M.W. i Memish, Z.A. (2001): Bruceloza u kobiet w ciąży. Klinika. Infekcja. Dis., 32: 1172-1177.

Kiel, F.W. i Khan, M.Y. (1987): Analiza 506 kolejnych pozytywnych testów na brucelozę w Arabii Saudyjskiej. J. Clin. Microbiol., 25: 1384-1387.

Kiel, F.W. i Khan, M.Y. (1993): Bruceloza wśród pracowników szpitali w Arabii Saudyjskiej. Infekcja. Control Hosp. Epidemiol., 14: 268 272.

Kimura, M.; Imaoka, K.; Suzuki, M.; Kamiyama, T. i Yamada, A. (2008): Evaluation of a microagglutination test (MAT) for serological diagnosis of canine brucellosis. J. Vet. Med. Sci., 70: 707-709.

Ko, J.A. i Splitter, G.A. (2003): Molekularne interakcje z żywicielem w brucelozie: Current understanding and future approaches to vaccine development for mice and humans. Clin. Microbiol. Rev., 16: 65-78.

Ko, J.A.; Gendron-Fitzpatrick and Splitter, G.A. (2002): Susceptibility of interferon regulatory factor (IRF-1) and interferon consensus sequence binding protein (ICSBP) deficient mice to brucellosis. J. Immunol. 168: 2433-2440.

Lapaque, N.; Moriyon, I.; Moreno, E. i Grovel, J.P. (2005): Lipopolisacharyd *Brucella* działa jako czynnik wirulencji. Curr. Opinia. Microbiol., 8: 60-66.

Madkour MM (2001). Madkour's *Brucellosis,* 2nd ed. Springer, Londyn.
Makis, A.C.; Galanakis, E.; Hatzimichael, E.C.; Papadopoulou, Z.L.; Siamopoulou, A. i Bourantas, K.L. (2005): Serum levels of soluble interleukin-2 receptor alpha (sIL-2Ra) as a predictor of outcome in brucellosis. J. Infect., 51: 206-210.

Malik, G. M. A. (1997): badanie kliniczne brucelozy u dorosłych w regionie Asir w południowej Arabii Saudyjskiej. Am. J. Trop. Med. Hyg., 56: 375-377.
Mantur BG, Amarnath SK (2008): Bruceloza w Indiach - przegląd. J Biosci, 33: 539-47.

Mantur, B.G. i Mangalgi, S.S. (2004): Evaluation of conventional Castaneda and lysis wirifugation blood culture techniques for diagnosis of human brucellosis. J. Clin. Microbiol., 42: 4327-4328.

Mantur, B.G.; Amarnath, S.K. i Shinde, R.S. (2007): Review of clinical and laboratory features of human brucellosis. Indian J. Med. Microbiol., 25: 188-202.

Mantur, B.G.; Biradar, M.S.; Bidri, R.C.; Mulimani, M.S.; Veerappa; Kariholu, P.; Patil, S.B. i Mangalgi, S.S. (2006): Protean clinical manifestations and diagnostic challenges of human brucellosis in adults: 16 lat doświadczenia na obszarze endemicznym. J. Med. Microbiol., 55: 897-

903.

Martínez de Tejada, G.; Pizarro-Cerdá, J.; Moreno, E. i Moriyón. I. (1995): Błony zewnętrzne *Brucella* spp. są odporne na bakteriobójcze peptydy kationowe. Zakażają. Immun., 63: 3054-3061.

Martin-Mazuelos, E.; Nogales, M. C.; Florez, C.; Gomez-Mateos, J. M.; Lozano, F. i Sanchez. A. (1994): Ognisko *Brucella melitensis* wśród pracowników laboratoriów mikrobiologicznych. J. Clin. Microbiol. 32: 2035- 2036.

Martins, H.; Garin-Bastuji, B.; Lima, F.; Flor L, Pina Fonseca, A. i Boinas, F. (2009): Eradication of bovine brucellosis in the Azores, Portugal: result of a 5-year programme (2002-2007) based on test- and-slaughter and RB51 vaccination. Prev. Vet. Med., 90: 80-89.

Maurin, M. (2005): Bruceloza u progu XXI wieku. Med. Mal. Infect., 35: 6-16.

McDonald, W.L.; Jamaludin, R.; Mackereth, G.; Hansen, M.; Humphrey, S.; Short, P.; Taylor, T.; Swingler, J.; Dawson, C.E.; Whatmore, A.M.; Stubberfield, E.; Perrett, L.L. i Simmons, G. (2006): Characterization of a Brucella sp. strain as a marine-mammal type despite isolation from a patient with spinal osteomyelitis in New Zealand. J. Clin. Microbiol., 44: 4363-4370.

Memish, Z.; Mah, M.W.; Al Mahmoud, S.; Al Shaalan, M. i Khan,

M.Y. (2000): Bakteriemia Brucella: obserwacje kliniczne i laboratoryjne u 160 pacjentów. J. Infect., 40: 59-63.

Memish, Z.A. (2001): Kontrola brucelozy w Arabii Saudyjskiej: Perspektywy i wyzwania. J. Chemother., 13: 11-17.

Memish, Z.A. i Mah, M.W. (2001): Bruceloza u pracowników laboratoriów w saudyjskim szpitalu arabskim. Am. J. Infect. Kontrola, 29: 48-52.

Merino, L.; Young, E.J. i Corbel, M.H. (1989): Bruceloza w Ameryce Łacińskiej, bruceloza, aspekty kliniczne i laboratoryjne. CRC Press Inc. 151-161.

Meyer, M. E. (1990): Aktualne pojęcia w taksonomii rodzaju Brucella. In Animal brucellosis., Nielsen, K. and Duncan, J. R. (Eds.), Boca Raton, FL7 CRC Press: 2 – 13.

Miller, C.D.; Songer, J.R. i Sullivan, J.F. (1987): Dwudziestopięcioletni przegląd laboratoryjnej infekcji nabytych u ludzi w National Animal Disease Center. Am. Ind. Hyg. Assoc. J., 48: 271-275.

Moriyon, I. i Lopez-Goni, I. (1998): Struktura i właściwości membran zewnętrznych Brucella abortus i Brucella melitensis. Int. Microbiol., 1: 19-26.

Musa, M.T. (2004): Epidemiologia brucelozy u zwierząt i ludzi. The national training workshop in: Nadzór, diagnostyka i kontrola brucelozy. Chartum, Sudan.

MZCP/WHO (1999): Sprawozdanie z trzecich warsztatów na temat brucelozy u ludzi i zwierząt. Nadzór epidemiologiczny w krajach MZCP. MZCP/Bruc/98.1:1-47.

Neubauer H (2010) Bruceloza: Nowe wymagania w zmieniającym się świecie.

Prilozi 1: 209-217.

Nielsen K, Duncan JR (1990). *Bruceloza zwierzęca*. CRC Press, Boca Raton.

Nielsen, K. i Yu, W.L. (2010): Diagnostyka serologiczna brucelozy. Sec. Biol. Med. Sci., 1: 65-89.

Oliveira, S. i Splitter, G.A. (1996): Immunizacja myszy rekombinowanym białkiem rybosomalnym L7/L12 zapewnia ochronę przed zakażeniem Brucella abortus. Vaccine, 14: 959-962.
Olle-Goig, J.E. i Canela-Soler, J. (1987): Ognisko zakażenia *Brucella melitensis* poprzez przenoszenie drogą powietrzną wśród pracowników laboratoryjnych. Am. J. Public Health, 77: 335-338.

Oppenheim, J.J. (2001): Cytokiny: przeszłość, teraźniejszość i przyszłość. Int. J. Hematol., 74: 3-8.

Orduna, A.; Almaraz, A.; Prado, A.; Gutierrez, M.P.; Garcia-Pascual, A.; Duenas, A.; Cuervo, M.; Abad, R.; Hernandez, B.; Lorenzo, B.; Bratos, M.A. i Torres, A.R. (2000): Evaluation of an immunocapture- agglutination test (Brucellacapt) for serodiagnosis of human brucellosis. J. Clin. Microbiol., 38: 4000-4005.
Pappas, G.; Akritidis, N. i Tsianos, E.V. (2005b): Effective treatments in the management of brucellosis. Opinie ekspertów. Pharmacother., 6: 201- 209.

Pappas, G.; Akritidis, N.; Bosilkovski, M. i Tsianos, E. (2005a): Bruceloza. N. Engl. J. Med., 352: 2325 - 2336.

Pappas, G.; Panagopoulou, P.; Christou, L. i Akritidis, N. (2006a): Brucella jako broń biologiczna. Cell Mol. Life Sci., 63: 2229-2236.

Pappas, G.; Papadimitriou, P.; Akritidis, N.; Christou, L. i Tsianos, E.V. (2006b): Nowa globalna mapa brucelozy ludzkiej. Lancet Infect. Dis., 6: 91-99.

Pasqual, P.; Adone, R.; Gasbarre, L.C.; Pistoia, C. i Ciuchini, F. (2001): Mouse cytokine profiles associated with Brucella abortus RB51 vaccination or B. abortus 2308 infection. Zakażenie. Immun., 69: 6541-6544.

Pei, J. i Ficht, T. A. (2004): Szorstkie mutanty *Brucella abortus* są cytopatyczne dla makrofagów w hodowli. Zakażają. Immun., 72: 440-450.

Pike, R. M. (1978): Przeszłe i obecne zagrożenia związane z pracą z czynnikami zakaźnymi. Arch. Pathol. Laboratorium. Med., 102: 333-336.

Plommet, M.; Diaz, R. i Verger, J.M. (1998): Bruceloza. W: Zoonoses; Palmer, S. R.; Soulsby, L. i Simpson, D. I. H. (Eds.). Oxford University Press: 23– 35.

Pourbagher, A.; Pourbagher, M.A.; Savas, L.; Turunc, T.; Demiroglu, Y.Z.; Erol, I. i Yalcintas, D. (2006): Wyniki badań epidemiologicznych, klinicznych i obrazowych u chorych na brucelozę z zajęciem układu kostno-stawowego. Am. J. Roentgenol., 187: 873-880.

Quipo-Ortuño, M.I.; Colmenero, J.D.; Bravo, M.J.; García-Ordoñez, M.A. i Morata, P. (2008): Użyteczność ilościowego badania PCR w czasie rzeczywistym przy użyciu próbek surowicy w celu rozróżnienia między nieaktywną, serologicznie pozytywną i aktywną brucelozą ludzką. Clin. Microbiol. Infect., 14: 1128- 1134.

Quipo-Ortuño, M.I.; Tena, F.; Colmenero, J.D. i Morata, P. (2008): Porównanie siedmiu komercyjnych zestawów do ekstrakcji DNA w celu odzyskania DNA Brucelli z kolczastych próbek surowicy ludzkiej przy użyciu PCR w czasie rzeczywistym. Eur. J. Clin. Microbiol. Zakaźny. Dis., 27: 109-114.

Rahman, M.S. (2003): Eksperymentalna infekcja i odporność ochronna szczurów rasy Sprague-Dawley z *porwaniami Brucelli.* Praca doktorska, złożona w College of Veterinary Medicine, Chonbuk National University Graduate School, Korea Południowa.

Refai, M. (2002): Incidence and control of brucellosis in the Near East region. Vet. Microbiol., 90: 81-110.

Reid, L.; Soares, R.; Vasconcellos, S.; Megid, J.; Salgado, V. i Richtzenstein, L. (2009): Comparison of agar gel immunodiffusion test, rapid slide

agglutination test, microbial cultura and PCR for the diagnosis of canine brucellosis. Res. Vet. Sci., 86: 22-27.
Reza, S.J.; Alireza, R.; Mostafa, A.; Alireza, K. i Mehrdad, H. (2009): Association of tumor necrosis factor-a-308 (G!A) polymorphism and susceptibility to brucellosis. J. Microbiol. Immunol. Infect., 42: 22-26.

Ryż, C. and Boyes, B. (1971): Immunoglobuliny w surowicy w brucelozie bydła. Nowa Zea. Weterynarz. J., 19: 146–154.

Rittig, M.G.; Alvarez-Martinez, M.T.; Porte, F.; Liautard, J.P. i Rouot,

B. (2001): Wewnątrzkomórkowe przetrwanie Brucella spp. w ludzkich monocytach obejmuje konwencjonalne pobieranie, ale specjalne fagozoomy, Zakaźne. Immun., 69: 3995-4006.

Rittig, M.G.; Kaufmann, A.; Robins, A.; Shaw, B.; Sprenger, H.; Gemsa, D.; Foulongne, V.; Rouot, B. i Dornand. J. (2003): Smooth and rough lipopolysaccharide phenotypes of *Brucella induce* different intracellular trafficking and cytokine/chemokine release in human monocytes. J. Leuko (2003): Gładkie i szorstkie lipopolisacharydowe fenotypy Brucelli wywołują różne rodzaje handlu wewnątrzkomórkowego i uwalniania cytokin/chemokin w ludzkich monocytach. Bio., 74: 1045-1055.

Robertson, M. (1998): Wewnętrzny immunitet. Curr. Biol., 8: R595-R597.
Robichaud, S.; Libmen, M.; Behr, M. i Rubin, E. (2004): Prevention of laboratoryacquired brucellosis. Clin. Infect. Dis., 38: E119-E122.

Robinson, A. (2003): Guidelines for coordinated human and animal brucellosis surveillance, FAO Animal production and health Paper 156. Pokój ISBN: 92-5-104952-1: 16-20.

Rodriguez-Zapata, M.; Salmeron, I.; Manzano, L.; Salmeron, O.J.; Prieto,

A. i Alvarez-Mon, M. (1996): Defektywna produkcja interferonu-gamma przez limfocyty T od pacjentów z ostrą brucelozą. Europ. J. Clinl. Invest., 26: 136-140.

Ross, H.M.; Jahans, K.L.; MacMillan, A.P.; Reid, R.J.; Thompson, P.M. i Foster, G. (1996): Brucella species infection in North Sea seal and cetacean populations. Vet. Rec., 138: 647-648.

Roushan, M.R.H.; Amiri, M.J.S.; Laly, A.; Mostafazadeh, A. i Bijani,

A. (2010): Kontynuacja standardowych testów aglutynacji i 2-mercaptoetanolu w 175 klinicznie wyleczonych przypadkach brucelozy u ludzi. Int. Infect. Dis., 14: 250-253.

Ruben, B.; Band, J. D.; Wong, P. i Colville, J. (1991): Transmisja *Brucella melitensis* między osobami. Lancet, 337: 14-15.

Satti, M.B.; Al-Freihi, H.; Ibrahim, E.M.; Abu-Melha, A.; AlGhassab, G.; Al-Idrissi, H.Y. i Al-Sohaibani, M.O. (1990): Hepatic granuloma in Saudi Arabia: badanie kliniczno-patologiczne 59 przypadków. Am. J. Gastroenterol, 85: 669-674.

Sauret, J.M. i Vilissova, N. (2002): Ludzka bruceloza. J. Am. Board Fam. Pract., 15: 401-406.

Seimenis, A.; Morelli, D. i Mantovani, A. (2006): Zoonozy w regionie Morza Śródziemnego. Ann. Ist. Super Sanita, 42: 437-445.

Seleem, M.N.; Boyle, S.M. i Sriranganathan, N. (2008): Brucella: patogen bez klasycznych genów wirulencji. Vet. Microbiol., 129: 1–14.
Seleem, M.N.; Jain, N.; Pothayee, N.; Ranjan, A.; Riffle, J.S. i Sriranganathan, N. (2009): Targeting Brucella melitensis with polymeric nanoparticles containing streptomycin and doxycycline. FEMS Microbiol. Lett., 294: 24-31.

Sewell, D. L. (1995): Zakażenie związane z laboratorium i bezpieczeństwo biologiczne. Clin. Microbiol. Rev., 8: 389-405.

Shaalan, M.A.; Memish, Z.A. i Mahmoud, S.A. (2002): Bruceloza u dzieci: obserwacje kliniczne w 115 przypadkach. Int. J. Infect. Dis., 6: 182- 186.

Sharif, A.; Reyes, Z. i Thomassen, P. (1990): Badania przesiewowe na brucelozę u kobiet w ciąży. J. Trop. Med. Hyg., 93 (1): 42-43.

Shasha, B.; Lang, R. i Rubinstein, E. (1994): Efficacy of combinations of doxycycline and rifampicin in the therapy of experimental mouse brucellosis. J. Antimicrob. Chemother., 33: 545-551.

Singh, k. (2009): Zakażenia wywołane przez laboratorium. Klinika. Zakaźne. Dis., 49: 142-147.

Skalsky, K.; Yahav, D.; Bishara, J.; Pitlik, S.; Leibovici, L. i Paul M. (2008): Treatment of human brucellosis: systemic review and metaanalysis of randomised controlled trials. Br. Med. J., 336: 701–704.

Skendros, P.; Pappas, G. i Boura, P. (2010): Odporność komórkowa w brucelozie ludzkiej. Mikrob. Zakaźne. Dis., : 1-9

Skendros, P.; Pappas, G. i Boura, P. (2011): Odporność komórkowa w brucelozie ludzkiej. Mikrob. Zakaźne. Dis., 13: 134-142.

Sofian, M.; Aghakhani, A.; Velavati, A.A.; Banifazl, M.; Eslamifar, A. i Ramezani, A. (2007): Risk factors for human brucellosis in Iran: a case-control study. Int. J. Infect. Dis., 12: 157-161.

Sohn, A.H.; Probert, W.S.; Glaser, C.A.; Gupta, N.; Bollen, A.W.; Wong, J.D.; Grace, E.M. and McDonald, W.C. (2003): Human neurobrucellosis with intracerebral granuloma caused by a marine mammal Brucella spp.

Emerg. Infect. Dis., 9: 485-488.

Solera, J.; Martinez-Alfaro, E. i Espinosa, A. (1997): Rozpoznawanie i optymalne leczenie brucelozy. Leki, 53: 245-256.

Sriranganathan, N.; Seleem, M.N.; Olsen, S.C.; Samartino, L.E.; Whatmore, A.M.; Bricker, B.; O'Callaghan, D.; Halling, S.M.; Crasta, O.R.; Wattam, R.A.; Purkayastha, A.; Sobral, B.W.; Snyder, E.E.; Williams, K.P.; Yu G-, X.; Fitch, T.A.; Roop, R.M.; de Figueiredo, P.; Boyle, S.M.; He, Y. i Tsolis, R.M. (2009): Mapowanie genomu i genomika w mikroorganizmach związanych ze zwierzętami. In: Brucella, Springer (rozdział 1).

Staszkiewicz, J.; Lewis, C.M.; Colville, J.; Zervos, M. and Band, J. (1991): Ognisko *Brucella melitensis* wśród pracowników laboratorium mikrobiologicznego w szpitalu społecznym. J. Clin. Microbiol., 29: 287-290.
Tabak, F.; Hakko, E.; Mete, B.; Ozaras, R.; Mert, A. i Ozturk, R. (2008): Czy w brucelozie konieczne są rodzinne badania przesiewowe? Zakaźna., 36: 575-577.

Taleski, V.; Zerva, L.; Kantardjiev, T.; Cvetnic, Z.; Erski-Biljic, M.; Nikolovski, B.; Bosnjakovski, J.; Katalinic-Jankovic, V.; Panteliadou, A.; Stojkoski, S. i Kirandziski, T. (2002): Przegląd epidemiologia i epizootologia brucelozy w wybranych krajach Europy Środkowej i Południowo-Wschodniej. Vet. Microbiol., 90: 147-155.

Thakur, S.D.; Kumar, R. and Thapliyal, D.C. (2002): Human brucellosis: a review of an under diagnosed animal transmitted disease. J Commun Dis., 34: 287-301.

Tolomeo, M.; Di Carlo, P.; Abbadessa, V.; Titone, L.; Miceli, S.; Barbusca, E.; Cannizzo, G.; Mancuso, S.; Arista, S. i Scarlata, F. (2003): Monocyte and lymphocyte apoptosis resistance in acute and chronic brucellosis and its possible implications in clinical management, Clin. Infect. Dis., 36: 1533-1538.

Amerykański Wojskowy Instytut Badań Medycznych nad Chorobami Zakaźnymi (2001): *Podręcznik USAMRIID na temat medycznego zarządzania ofiarami biologicznymi.* Wydanie 4. Fort Detrick, Md: USAMRIID.

Vilcek, J. and Feldmann, M. (2004): Przegląd historyczny: cytokiny jako leki i cele terapii. Trends Pharmacol. Sci., 25: 201- 209.

Vrioni, G.; Pappas, G.; Priavali, E.; Gartzomika, C. i Levidiotou, S. (2008): Odwieczny mikroorganizm: Ładunek DNA Brucelli utrzymuje się przez lata po klinicznym wyleczeniu. Clin. Infect. Dis., 46: 131-136.

Co więcej, A.M. (2009): Aktualne rozumienie różnorodności genetycznej *Brucelli,* rozszerzającego się rodzaju zoonotycznych patogenów. Zakaźna. Genetyczny. Evol., 9: 1168-1184.

WHO (1998). *The development of new/improved brucellosis vaccines: report of a WHO meeting.* WHO/EMC/ZD1/98.14. Genewa 11-12 grudnia 1997 r., Światowa Organizacja Zdrowia, Genewa.

WHO (2004). *Laboratory Biosafety Manual,* 3rd ed. World Health Organization, Geneva.

Światowa Organizacja Zdrowia (2002): Biuro Regionalne dla Wschodniego regionu Morza Śródziemnego. Sprawozdanie roczne 2001: Wydział kontroli chorób zakaźnych.

Światowa Organizacja Zdrowia (2006): Bruceloza u ludzi i zwierząt.

Światowa Organizacja Zdrowia Zwierząt (2004): *Manual of Standards for Diagnostic Tests and Vaccines for Terrestrial Animals,* 5th ed., OIE, Paryż.

Światowa Organizacja Zdrowia Zwierząt (2005): *Kodeks zwierząt lądowych,*
14. edycja, OIE, Paryż.
Wright, A.E. i Smith, F. (1897): Po zastosowaniu testu serum do diagnostyki różnicowej tyfusu i gorączki Malty. Lancet, 1: 656-659.

Yagupsky, P.; Peled, N.; Riesenberg, K. i Banai, M. (2000): Exposure of hospital personnel to *Brucella melitensis* and occurrence of laboratory-acquired disease in an endemic area. Scand. J. Infect. Dis., 32: 31-35.

Yanagi, M. i Yamasato, K. (1993): Phylogenetic analysis of the family Rhizobiaceae and related bacteria by sequencing of 16S rRNA gene using PCR and DNA sequencer. FEMS Microbiol. Lett., 107: 115-120.

Yingst, S. i Hoover, D.L. (2003): odporność komórek T na brucelozę. Krytyczne. Rev. Microbiol., 29: 313-331.

Młody EJ (1990). Gatunek *Brucella.* Ch 205. str. 2053-2060. In: Mandell GL, Douglas RG, Bennett JE, *Zasady i praktyka chorób zakaźnych, 4th ed.* Mandell GL, Bennett JE, Dolin R, eds. Churchill Livingstone, Nowy Jork.

Młody EJ, Corbel MJ (1989). *Bruceloza: Aspekty kliniczne i laboratoryjne.* CRC Press, Boca Raton

Young, E.J. (1989): Bruceloza u podróżników i *Brucella,* która podróżuje. W: Steffen R, Lobel HO,Haworth J, eds.Travel medicine.New York: 375-377.

Young, E.J. (1991): Serologiczna diagnostyka brucelozy u ludzi: analiza 214 przypadków za pomocą testów aglutynacyjnych i przegląd literatury. Rev. Infect. Dis., 13: 359-372.

Young, E.J. (2000): Gatunek Brucella: Principles and Practice of Infectious

Diseases (Eds. Mandell GL, Bennett JE, Dolin R) Churchill Livingstone. Nowy Jork: 2386-2393.

Young, E.J. (2010): Gatunek Brucella. In: Mandell D. Bennett's Zasady i praktyka chorób zakaźnych. 7 ed. Stany Zjednoczone: Churchill Livingstone: 2921 - 2926.

Young, E.J.; Borchert, M.; Kretzer, F. L. i Musher, D. M. (1985): Fagocytoza i zabijanie Brucelli przez ludzkie leukocyty polimorficzno-jądrowe. J. Zakażenie. Dis., 151: 682–690.

Zaitseva, M.; Golding, H.; Manischewitz, J.; Webb, D. i Golding, B. (1996): Brucella abortus jako potencjalny kandydat na szczepionkę: indukcja sekrecji interleukiny 12 i wzmocnionej B7.1 i B7.2 oraz powierzchniowa ekspresja międzykomórkowej cząsteczki adhezyjnej 1 w eutriowanych ludzkich monocytach stymulowanych przez B. abortus inaktywowaną cieplnie. Infekcja. Immun., 64: 3109-3117.

Zervos, M.J. i Bostic, G. (1997): Narażenie na działanie Brucelli w laboratorium. Lancet, 349: 651.

Zhan, Y. i Cheers, C. (1993): Endogenny interferon gamma pośredniczy w oporności na zakażenie Brucella abortus. Infekcja. Immun., 61: 4899-4901.

Zhan, Y. i Cheers, C. (1995): Endogenna interleukina-12 jest zaangażowana w oporność na zakażenie Brucella abortus. Zakażenie. Immun., 63: 1387-1390.

Ziad, A.; Memish, Z.A. i Balkhy H. (2004): Bruceloza i podróże międzynarodowe. J. Travel. Med., 11: 49-55.

More Books!
yes

FSC
www.fsc.org
MIX
Papier | Fördert gute Waldnutzung
FSC® C083411

Kolibri 360 GmbH
Ferdinand-Jühlke-Straße 7
99095 Erfurt, Deutschland
produktsicherheit@kolibri360.de

Druck:
CPI Druckdienstleistungen GmbH
im Auftrag der
Kolibri 360 GmbH
Ferdinand-Jühlke-Str. 7
99095 Erfurt